书法·城市·空间

庄木弟 著

作为城市意象的书法（代序）

胡抗美

对空间的研究是当代书学的重要向度。和古代文人群体将书法作为书斋雅玩不同，在当代的展示空间中，书法所面向的是作为展厅观众的大众，处在“一个由陌生眼光交织的视觉场中”（约翰·伯格语）。这意味着一种新的观看方式和审美文化。对书法空间的研究，书法界在最近十多年稍有建树，但大都局限在书法二维形式——章法方面。尽管相关研究多少也考虑了书法形式与自然空间、社会空间的联系，但在我看来，仍不足以在学理上建构完整的书法空间学。

书法被认为是中国艺术的核心和基础，出现在当代艺术领域的书法雕塑、书法装置、书法舞蹈等创新形式业已表明，书法具有从二维空间向三维空间转化的巨大潜力。木弟的新著《书法·城市·空间》是研究这种转换的重大成果。其著作的研究突破了传统书法理论的局限性，从书法艺术的文化价值、形式构成、美学视角及时空一体的本质特征入手，从当代艺术学理论、城市空间理论中发掘学术资源，并在现代城市空间和书法创作实践中提取经典案例，建立参照，扩展了书法审美价值输出的视野，既使书法艺术形式更趋向多元，也为打造艺居环境且具有中华文化地理标志、中国气质的城市开启了研究范例。

当然，作为一项跨界研究，木弟提出的构想颇为宏大：通过将书法与城市空间进行并置研究，揭示书法形式与城市规划的空间组织与布局方法之间可能的内在联系，探讨书法哲学观念、美学原理和技巧语言向当代城市建筑空间转绎的可能性，进而通过有效的城市规划手段，赋予城市空间以新的艺术品位与人文内涵。关于这一构想的可行性，木弟在书中进行了一系列有说服力的论证。我以为，这些成果建构了一个崭新的学科，即当代书法城市规划学，并对当代城市规划思想做出重要贡献。

城市是人类的生活家园和精神家园。就量的增长而言，最近三四十年中国城市化所取得的成就，不仅在中国城市史上，就是在世界城市史上也是史无前例的。它是中国经济奇迹的最好证明。然而正如20世纪著名的规划思想家刘易斯·芒福德所指出的那样，一座城市对人类生活的价值，不仅体现在其空间性上，也体现在时间性上。城市的时间性是就城市的人文内涵而言的。时间性意味着历史，意味着对人类生存经验的保存，意味着城市作为一个文化容器的存在。但过去三十年的中国城市空间是西方现代主义的功能机械美学与过度经济市场逻辑的产物，这种集体性的自身文化迷失造成单调、生硬甚至浅薄的城市空间观感与意象。如木弟所指出的，人文精神的湮灭、规划思想的混乱、个性特色的缺乏等等，已经成为了中国城市发展的现实困境。而且，规模上的超常规快速发展，事实上还加深了这一困境。就城市建筑而言，坊间所讥讽的“孔方兄”“秋裤”“马桶盖”之类的建筑，更是造成了对城市肌理和文脉的重大伤害。

从上述的问题意识出发，木弟在书中提出了实现书法艺术与城市空间两者共享一种文化观念的创见，主张城市空间和书法的“文法”和“句法”的互绎，从而将中国书法的美学思想和艺术语言，运用于城市空间规划的构思设计与具体的表达路径上。在书中，木弟对书法结体与城市建筑造型、书法点线与城市边缘、书法章法与城市整体布局、书法风格与城市意象等所作的类比研究，均可谓引人入胜并发人深省。早在20世纪30年代，林语堂在他的英文名著《吾国与吾民》中就曾谈及中国书法与建筑的关系。他说，和书法一样，中国传统建筑的主要倾向是祈求与自然相调和，这种人文精神，是与纽约的摩天大楼所代表的工业精神大异其趣的。时至今日，尽管中国城市建筑的规模、体量和功能性已非传统的中国建筑可比，但这并不意味着我们必须抛弃中国建筑传统的文化特色，相反，古代的中国建筑恰恰是当代中国城市人文重建的重要思想资源与形式资源。而这也正是木弟将中国书法与中国城市空间进行并置研究，探索将书法的传统文脉向城市空间转化的意义所在。

就书法自身的发展而言，今天的书法事实上也进入了一个都市化的阶段。相比于古代书法家对那种纯粹的自然的感知，今天的书法家感知世界的方式，已被城市空间所重塑。有鉴于此，我认为，探讨书法与城市的关系，对当代书学而言，适逢其时。当然，这种探讨应该是建设性的，木弟的研究所开辟的是一个具有独特现实价值的路向。今天的中国仍然是世界上最大的工地，在城市化的新阶段，书法艺术如果真能在城市管理者、规划者那里，成为城市空间意象营构的灵感之源，无疑是书法之幸，亦是城市之幸。

是为序。

目　录

【绪论】

一、研究的价值与意义

当前，书法艺术和城市空间的发展均存在困境，对于书法艺术而言，存在着实用和艺术功能相混淆、书写主体文化素养的缺失、传承载体的局限；对于城市空间而言，存在着人文精神的湮灭、规划思想的混乱、个性特色的缺乏、千城一面等问题。如何走出困境，本文试图用系统思维、跨界研究的方法，去双向解决书法艺术和城市空间的问题，把书法艺术的基因植入到城市空间的脉络中，以期城市空间更具中国精神、中国气派，从而解决国内城市千城一面、文化缺失以及个性凋零的问题。而书法艺术则通过挖掘其文化功能、审美功能、符号表征性，借城市空间的平台，找到新的发展方向。表面看来是不直接相关的两大领域，通过跨界的转绎，相互作用，优势互补，在国际视野、中国思维的交集点上，各自找到发展的归宿，共同取得突破和发展。

何谓“转绎”？所谓“转”指：旋动、改换方向或情势。所谓“绎”指：抽出，理出头绪、演绎关联之意。本论文所用“转绎”一词，特指将书法艺术的文化传统、基本方法和审美原则运用于城市空间的建构，用城市空间的现当代国内外理论启迪书法艺术，从而为中国当代城市空间和书法艺术的现代发展提供新思路的过程。这是本文的基本学术主题。

在这个意义上，可以将“转绎”界定为：转绎是城市空间设计者在信息传递中,将书法信息由一种形态转换为另一种形态。即城市空间设计者依据空间设计的中心法则，将书法的诸多元素（线条、笔法、结字、章法等）解码，并与城市空间各因子有机渗透、结合的过程，反之亦然。

在“泛艺论”的美学视角下，书法艺术和城市空间二者虽然使用的艺术语言有所差别，但二者文化语境相通，也存在较多相同的审美属性。通过对历史和现状进行分析，我们可以发现，以城市空间、书法艺术单独为对象的研究较多，无论是实践还是理论方面，都有大量的成果，但把二者结合起来开展跨学科、跨艺术、跨门类的研究很少，尤其对涉及书法艺术与城市空间在审美方面的共通性、书法在城市空间中的现实实践等研究更是寥若晨星，仅散见于一些文学作品和美学论著，未成系统。这为本文的研究提供了切入点和可能。笔者以为本研究至少可以在以下几方面深入开展：

在理论层面上，一是通过理论综述发现，书法的发展前景广阔，资源极其丰富，关键是如何让它发挥作用，找到其发展的方向、路径和舞台，这是必须要研究的问题。能否用跨界的方法，通过整合，研究出一套既能促进书法发展，又能提高城市文化品位的理论。比如书法城市规划学、书法城市规划美学、书法城市空间心理学等等。加强书法与城市空间转绎理论的研究，这既包括相关书法问题的研究，又应关注城市空间研究。二是通过跨界，把书法作为一种公共产品的输出，植入城市，成为公共艺术，使书法更具大众性、教化性。三是通过跨界融合发展，营造出中国特色、中国个性的城市场域和特色风貌，让生活在城市中的人们有归属感和认同感。四是通过跨界的研究，促进中西文化的融合，把中国的传统文化融合在世界文化之中，与世界各民族、各种艺术站在同一个水平线上、同一个舞台上，在保持本色中与之共舞，得到升华。

在实践层面上，翻开书法发展史，书法的发展总是与科技、材料、技术、人文和城市空间的发展变化相关联。在科学技术和艺术理论高度发展的当下，我们能否对书法的“文房四宝”进行现代的考察、充分的想象，把城市空间变为一张大的“宣纸”，把城市的院落变成一个书法的“章节”，把一幢建筑变成书法的一个“结字”，借助现代社会技术高度集成，使一幅书法作品变成一个城市的微型规划图，这并不是什么创新和奇思妙想，是可以探索并实现的，需要的只是站在前人的肩膀上再朝前迈一步。因为前人已有此方面的实践。如明代计成造园就是以画法为理论指导的。由此，我们相信往前走一步完全有可能。

因此，本书力求在以下三个方面有所突破：一是从学术上厘清书法艺术与城市空间发生关系的必要性和可能性，为拓展书法艺术传承与现代城市空间建构结合的有机性，提供新的视野和方法论指导，同时为丰富书法理论和城市理论的研究提供新的学术资源，具有创新书法艺术传承观念与突破国内城市空间困境的价值。二是引入城市三态（生态、文态、形态）的概念，用书法艺术独特的个性品质，结合后现代城市空间生产理论，对城市意象、图底理论、场域关系等进行了理论与理论、命题与命题、空间与空间之间的关联、对照和最新的解读，以城市空间为平台，为创立全新书法文化提供了理论基础。三是提出了在城市空间中打造“永不落幕的书法展”的实践构想，为书法艺术发展提出了新视角，进而提出了“书法—城市空间学”理论构建的初步思考。

回望城市的发展过程，国内不少地方把城市文化建设一味理解为“文化搭台，经济唱戏”，导致文化彻底沦为经济的仆役，规划师妥协于资本，“秋裤”“马桶盖”等建筑比比皆是，这种做法尽管在短时间内刺激了经济的发展，但长期看却导致了城市的肌理和文脉遭受伤害，最终经济发展也难以为继。近来，国内有的城市管理者指出，城市建设应坚持“有机更新”，避免大拆大建，保护好城市的“遗传密码”和文化基因；并强调既要算经济账，也要算文化账。这道出了一个真知灼见，即以文化为本位，文化才能得到真正的发展，也才最终有利于经济和社会发展。

书法艺术与城市规划跨界转绎之命题的提出，就是基于这种现状的有感而发。因为再没有哪一种传统艺术，比书法艺术更能代表中国文化的特质了，也再没有哪种传统艺术形式，比书法更具有结构性转绎的便利性了。把书法艺术植入城市空间，将首先在视觉文化的层面上再现出中国社会转型、城市发展与传统文化、历史资源的意义性关联。因为这些关联在书法与城市空间的结构性重合中获得一套视觉识别系统，无声地将文化传统的色彩投射在人们对城市的“现代性想象”之中。其次，这种识别不仅是视觉性的，也是身体性的；不仅是空间的，也是时间的；不仅是接受性的，也是生产性的。而且，它势必在生态、文态和形态三者的有机联系中，创生出一种氛围，唤醒城市的记忆，映现出中国文化的底蕴。

众所周知，中国书法艺术是中国传统文化的精髓。因此，书法艺术在解决中国现代城市因文化传承不足、个性特色缺乏而造成千城一面的尴尬等问题时，应有一席之地，或者说应有发挥重要的文化作用的机会。反之，书法艺术如果离开了现代城市和现代人的生活，其自身也得不到有生命力的传承，其在现代生活的影响力势必将减弱，最终影响到中国文化的传承与民族的复兴。我们探讨书法与城市空间的转绎，不是为了让书法或城市做出单方面的牺牲，让其中一个仅仅为另一个服务，而是为了让它们各自获得新的生命力，相互汲取养分，迸发勃勃生机，助力传统文化与现代城市的共同繁荣。同时，从学术发展本身而言，把现代城市理论与书法理论置于同一学术平台，在两者间展开跨界研究，从学术上厘清书法艺术与城市发展的关系，能为拓展书法艺术传承与现代城市空间建构的有机结合，提供新的视野和方法论指导，这也将为丰富书法理论和城市理论的研究提供新的学术资源。

二、城市空间的研究

城市空间是人们工作生活的重要场所，是城市社会、经济、政治、文化等要素的运行载体，各类城市活动所形成的功能区则构成了城市空间结构的基本框架。它们伴随着经济的发展、交通运输条件的改善，不断地改变各自的结构形态和相互的位置关系，表现着城市空间结构的演变过程和演变特征。城市空间是城市研究的重要方面，规划学、建筑学、地理学等几乎各类与城市相关的学科都涉及城市空间研究。

（一）国内城市空间研究情况

国内城市空间、规划、建筑等方面的研究在不断学习借鉴西方先进理论和经验的基础上，虽然起步较晚，但发展迅速。

中国古代城市空间的实体遗存已不多见。比较典型的是唐长安城的城市形制，对后世的城市形态产生了重大影响。元大都继承了唐宋以来的城市规划手段，体现了等级制、里坊制及中轴对称的布局思想，是理想的城市规划经典之作，为后来明清北京城格局奠定了坚实基础。

近代以来，梁思成和杨廷宝在建筑史上被称为“北梁南杨”。他们作为著名的建筑历史学家、建筑教育家、中国近现代建筑学科的创始人和建筑师，是我国城市空间方面研究的重要奠基人。面对西方价值观念和西方建筑式样的大量涌入，梁思成提出，“要能提炼旧建筑中所包含的中国质素……创造适合于自己的建筑”，要“保护国内建筑及其附艺，如雕刻壁画均须萌芽于社会人士客观的鉴赏，所以艺术研究是必不可少的”，同时他还强调“艺术研究可以培养美感”，[①]体现出一代大家对传统文化和艺术的重视。杨廷宝先生受到良好的家庭艺术和美学的熏陶，自幼练习中国书画，对中国传统的书画艺术有深刻的了解，这使得他在文化、道德和艺术方面均具有很好的修养。他设计的徐州淮海战役革命烈士纪念塔、北京车站、南京长江大桥桥头堡等建筑都充分体现出艺术与技术、建筑与环境、功能与艺术等方面的高度综合。

此外，吴良镛先生在城市人居环境方面的研究开创了先河。[②]郑时龄、章明、诸大建、王澍等国内著名学者在此方面都有深刻的见解和实践。[③④]综合相关观点可以看出，对传统文化的继承和吸收是大家普遍强调的，而且已经在实践中得到了运用。比如，2010年上海世博会中国馆的“斗冠”设计，就融合

①梁思成．中国建筑史[M]．天津：百花文艺出版社，2005

②吴良镛．中国人居环境与审美文化[J]．城市与区域规划研究．2013(2)：1-11

③郑时龄、章明等．延续城市空间，汇入城市历史——中国当代建筑的传统趋向探索．建筑学报．2005(8)：10-13

④诸大建．从国际大都市的空间形态看上海的人口与发展[J]．城市规划学刊．2003(4)：30-33

了中国“天人合一”“和谐共生”“道法自然”的哲学思想；以“人类文明成就的轴线”为主题的北京奥林匹克公园方案，体现了对中国文化的理解，巧妙地融合了中国山水意境；贝聿铭深受中国传统文化熏陶，他设计的美国国家美术馆东馆，体现了空间与形式的巧妙融合。

（二）国外城市空间研究

国外关于城市空间的研究最早可追溯到工业革命时期，已经有百余年的历史。关于国外城市空间发展演进及成果的梳理研究在国内已有很多，比较具有代表性的有谷凯、段进、黄亚平、顾朝林、孙施文等人的研究成果。任绍斌、吴明伟等从人文地理视角、城市规划视角以及视觉美学主题、“形式—功能”主题、经济社会目标主题等对其作了系统梳理研究。①我们从1900年之后的发展来看，主要可分为以下几个阶段：②

1900年至二战前，城市空间主要受现代主义思想的影响，比较强调功能，在形式上提倡几何造型，强调空间使用和建设费用的节约。1933年8月，体现功能主义的《雅典宪章》正式颁布，勒·柯比西埃提出，城市要与其周围影响地区成为一个整体来研究，提出了功能分区的思想。1935年，当代建筑大师赖特发表了论文《广亩城市：一个新的社区规划》，提出著名的城市分散主义思想，强调城市中的人的个性，反对集体主义。

①任绍斌、吴明伟．西方城市空间研究的历史进程及相关主题概述[J]．城市规划学刊．2010(1)：41-47

②张京祥．西方城市规划思想史纲[M]．南京：东南大学出版社，2005

1942年，沙里宁在研究了由于城市过分集中引起一系列城市病的基础上，在《城市：它的发展、衰败和未来》一书中提出有机疏散理论，倡导在中心城区留出空间来增加绿地。而美国社会学家佩里首先提出了社区邻里单位理论，强调居住社区的整体文化认同和归属感。芒福德提出区域规划思想，倡导区域整体观，将大中小城市结合，城市和乡村结合。

二战后，从1945年至1960年，功能主义规划思想在城市重建中快速发展，发挥了重要作用，它与当时新兴的科学理论——老三论，即系统论、信息论和控制论有着密切关系。恩温和帕克提出了卫星城理论。20世纪40年代始，英国等西方国家开展了新城运动。新城运动理论源于霍华德的田园城市，同样倡导要缓解大城市人口密集问题。1970年至1980年，进入了“后现代社会”，社会文化论在城市规划思想中占据主导地位，产生了新三论，即协同论、耗散结构论和突变论。凯文·林奇在1960年出版《城市意象》一书，1971年舒玛什提出了文脉主义，至此开始，城市空间中文化基因的植入越来越受到重视。1977年12月，《马丘比丘宪章》的签署，标志着以人为本的城市化理念正在兴起。

20世纪90年代以后，新区域主义、新城市主义、精明增长、生态城市、人文主义等理论开始发展起来，新区域主义以“开放”为特征，主要关注“空间效益集约、环境可持续发展、社会公正、社会和文化网络交流与平衡等”。20世纪90年代初，彼得·卡尔索普针对郊区无序蔓延带来的城市问题，提出了新城市主义理论，主张借鉴二战前美国小城镇和城镇规划优秀传统，发展“紧凑的社区，取代郊区蔓延的发展模式”，主要包括邻里社区发展和公共交通主导开发两大理论。1997年，精明增长的概念开始被提出，目的是提倡“城市建设相对集中，空间紧凑，混合用地功能……保护开放空间和创造舒适的环境”，保护生态环境。至此，“生态城市”的概念呼之欲出。实际上早在霍华德的“田园城市”时期，已经有对“生态”的呼吁，正式提出不过更加强调罢了。总之，经过长期的发展过程，各类理论更是在相互争辩中不断完善，逐步形成了较完备的理论体系。

在关注城市空间发展的同时，学者们不约而同地对城市空间发展中存在的问题作了思考。相比国外的重理性、重数据、强调对生态环境的保护、本土文化的传承和以人为本的理念，反观国内城市规划和空间营造的实际，虽然近年来进步显著，但是仍有诸多问题：在哲学上，指导思想仍是经典现代主义，对于当代的社会、文化、制度思想的引入不足，加上中国传统思想文化的现代化转化与再造还刚起步，缺乏核心创造力，无法从三十年中国城市的建设高峰中总结出对世界有贡献的思想价值；在美学与文化上，也是既无法贯彻现代主义以来结合当代反思的诸多美学新思潮，又无法把中国传统的山水人居思想真正融入规划，包括书法与画论、园林美学中的珍贵遗产，过于单向关注物质空间营造；在意象层面上，空间塑造更多地来自于机械时代的复制方式，在城市肌理的整体性与重要节点的独创性上都还不够，既缺乏信息互联时代的复合化思维，又缺乏中国人天然亲近的飘逸灵活、气韵生动的传统。总体而言，国内目前的城市规划还是不中不西，缺乏核心价值与创造力。正如当前中国的工业产品一样，缺乏真正的“中国制造”。

三、书法艺术与城市空间跨界研究

唯物辩证法告诉我们，事物之间都充满着联系，孤立地看，无法分辨其实质。跨界研究将使书法艺术得以进入一个纵横交错的历史坐标中，并在其中寻找到一个最恰当的坐标点。

（一）书法既有的跨界研究

从古至今，学者们在书法与园林、书法与建筑、书法与现代平面设计等方面都积极探索，取得了丰硕的成果。

1. 书法与园林

中国书法艺术运用于空间设计有着悠久的历史，它不但丰富了空间设计的元素，突破了空间设计的单一模式，而且增强了环境空间的形式美与意境美。中国园林即是其中颇具代表性的范例。在中国园林艺术漫长的发展历程中，书法艺术一直参与其中，并且其地位和作用在明清时代达到了高峰，特别体现在江南园林上。金学智的《中国园林美学》[①]、刘天华的《画

①金学智. 中国园林美学[M]. 北京：中国建筑工业出版社，2005

境文心：中国古典园林之美》[①]中都对书法艺术和园林的关系作了论述。刘春茂则从文化渊源、意境创造和融合发展等方面对园林与书法之间的文化关联作了比较。[②]

书法与园林融合的实践研究，主要围绕二者在形式及意境方面的融合途径入手。园林与书法的发展与中国文化的发展相伴相生，丰富着中国文化的构成内容。黄晓蕾认为，书法的空间构成主要遵循主与次、藏与露、虚与实、疏与密等辩证关系……在园林与建筑中，同样通过以上辩证关系处理空间关系。[③]也有学者指出，造园家和书法家因为同样从中国传统文化的土壤中汲取养分，因此，“心灵的寄托必然带有诸多趋同性”[④]。国外在传统文化和城市建设结合方面也有许多实践。以日本为例，虽然日本许多城市空间规划、建筑借鉴于我国唐朝，但其园林比中国现在做得更精致，让人一看便能清晰地感受到其处处洋溢着的中国精神和日本民族的精神。再如欧洲，整个欧洲的文化是一种对自然、对神十分尊重的文化，文艺复兴以后追求公平、民主、正义，涌现出“以人为本”的精神，

①刘天华．画境文心：中国古典园林之美[M]．北京：生活．读书．新知三联书店，2008

②戴秋思、刘春茂等．浅议中国园林艺术与书法艺术之文化关联——以苏州园林为例[J]．重庆建筑大学学报．2004(4)：27-31

③黄晓蕾．从空间构成看书法与建筑的关系[J]．美术大观．2013(12)：138-139

④戴秋思．论中国传统园林与书法在审美文化同构中的“形”与“意”[J]．广东园林．2012(2)：4-7

所以整个欧洲在教堂、人和自然关系的处理中都充斥着这种精神，并世代传承下去。

2. 书法与建筑

著名建筑学家吴良镛说：“中国建筑师必须明确建筑形式的精神要义在于植根于文化传统。”[①]书法与建筑对中国文化的表达有时是相通的，比如魏晋南北朝时期的书法与明清时期的园林、江南水乡的传统民居建筑等，都体现了相同的意境与艺术风格。书法与建筑的形态关系表达了中国文化的内涵，只是载体不同。物化的建筑也可以像书法一样以优美的线条构造出别样的空间，以体现中华民族的精神内核。

图1　苏州拙政园

①吴良镛. 吴良镛谈贝聿铭及“人居环境”营造.http://news.dichan.sina.com.cn/2006/10/11/58033.html.

古代建筑中经常用到的飞檐（图1），以优美的线条构造出别样的空间，完全体现了书法与建筑相同的意境，也充分表达了中国文化的内涵。

徐大伟、凌峰等指出，建筑意境的塑造，关键在于在什么样的环境中通过什么来触发人们的审美情感。这涉及建筑意境的客体，也涉及建筑欣赏与体验的主体；涉及建筑的创作环节，也涉及建筑接受环节。建筑意境的塑造需要建筑创作者在把握整体的大环境下，将建筑与环境情感要素有机地结合起来，对建筑观赏者及体验者进行强烈的情感刺激，从而引发其审美想象，产生建筑意境，而书法恰好契合这种需求。①

3.书法与设计

如何进一步拓宽书法的生存空间，丰富书法的应用功能，部分学者从不同的学科领域对此进行了探讨。李达旭从书法具有意象美，可以与艺术创意相结合，从而使得平面艺术设计由于引入具有中国传统文化特色的书法之“象”的内涵而被赋予文化的内涵。②周利姣认为书法空间观念最易影响的是字体设计、图形设计与版式设计，书法字体的笔画、结构、字距、行间以及编排等的艺术规律，可以与平面设计有机融合。③方圣

①徐大伟、凌峰．现代建筑空间意境塑造初探[J]．工程与建设．2010(1)：46-48

②李达旭．书法在现代设计艺术中的文化生成论[J]．广西民族大学学报（哲学社会科学版）．2008(9)：84-88

③周利姣．书法空间观对平面设计的影响与启示[D]．长沙：湖南师范大学，2010

德等从现代包装设计中书法等传统文化的渗透角度作了研究，倡导在设计包装中对传统文化的传承不能只是“拿来主义”，更应该融入现代社会的创新和设计理念。[①]书法的内容即“内在要素的总和”，还包括其应用的工具材料的变化。在当今时代，计算机的应用和信息社会的特征，决定了书法创作的工具特性可能已经发生变化，探索其表达形式的多种可能性，是可能且必须的。此外，中国书法各体兼备，流派纷呈，其点线形式的丰富性给字体创意和标志设计提供了巨大可能。[②]

江苏大剧院的设计，是以“龙”字为内涵，将中国传统文化特色的书法之“象”与建筑设计的有机融合。（图2）

图2 江苏大剧院

（二）书法与城市空间的跨界研究

随着城市化进程的加快，城市建设中文化的改造和再利用是亟待

①方圣德、朱君．现代包装设计中书法元素的应用[J]．商场现代化．2008(1)：95-96

②杜沛然、章翔．书法艺术与设计[M]．武汉：华中科技大学出版社，2012：136-140

解决的问题。同时，在中国当代城市建设中，“普遍忽视了城市精神理念的塑造、城市人精神气质的塑造、城市市民道德品质的塑造和城市人行为的塑造”[①]。对于书法与城市空间关系的研究正是在此背景下展开的。

1. 书法与城市空间相互关系

围绕书法与城市空间的相互关系，学者们着力探讨书法与城市空间组织及布局方法的抽象的内在联系途径。比如，针对城市设计是综合功能整体空间设计，有时一些体量很大的建筑物和房屋设计过程中，常常使用各类横竖排列以体现美的效果，这就与书法艺术的审美发生了关联。因此，可以认为书法创作对现代城市空间和建筑具有启发和引导作用。[②]唐修阜认为，书法是城市文化的精神构成和城市的符号和灵魂，能够在城市精神中蕴含显性和隐喻、抽象和形象。从对城市文化的影响角度而言，体现在特色文化对整体文化、自文化对他文化、精神文化对物质文化的影响。[③]尹安石则从形式关联的角度，对书法墨法的可变性及其历史的发展，并对照城市景观的形式构成法则加以考察与研究，从书法入手突破景观的空间界限，寻求与景观的关系，启发和引导人们对中国既朴实又神

---

①梁梅. 中国当代城市环境设计的美学分析与批判[D]. 北京：中央美术学院，2005

②乔渊. 浅谈中国书法融入当代大城市设计理念[J]. 新课程学习. 2013(4)：181

③唐修阜. 人文书法在城市文化中的地位和作用[J]. 湖南城市学院学报. 2013(1)：100-103

妙的汉文字书法及其形式的理解，进而创造一个有民族特色的城市空间。[①]张捷等认为，书法景观有利于场域的形成，因为其体现尺度和方式具有多种环境心理功能。[②]马亚则认为，书法作为中国文化传统中的卓越艺术，具有高度的抽象特征和积极的审美取向，书法艺术与现代艺术设计的部分理念不谋而合，是实现艺术创新的根基。而书法元素应用于现代城市，能够创造城市新的有特色的文化形象，会提升城市品位，有效推动传统艺术的进一步发展。[③]金开诚认为，一些城市各类招牌上的书法是中国特有的人文景观。[④]又如，汉字书法景观在城市景观中的运用原则包括：文字信息和景观保持一致，书体、书风应与环境空间和谐，关注书法景观的意境表达。[⑤]更有学者通过书法中对于单字的轴线处理方式来对照明清北京城中轴线的空间处理方式，发现其中传统轴线处理方式的共性之处，即“以北为端，向南伸展；中重相重，中心偏北；轴线重合，气势相连；节点作障碍，层层递进”，并对北京目前城市中轴线设计的空间处理方式提出基于上述轴线原则的

①尹安石．论城市景观设计中书法形式美的体现[J]．艺术百家．2006(6)：66-68

②张捷、张静．书法景观与城市景观——南京书法景观及书法旅游产品概念规划案例[J]．城乡建设．2004(3)：42-43

③马亚．书法元素在现代城市公共环境中的应用研究[J]．解放军艺术学院学报（季刊）．2012(4)：83-86

④金开诚．漫话招牌书法艺术[J]．书法艺术．1995(1)：15-16

⑤王凯．汉字书法艺术在城市景观中的运用[J]．黑龙江科技信息．2009(28)：338

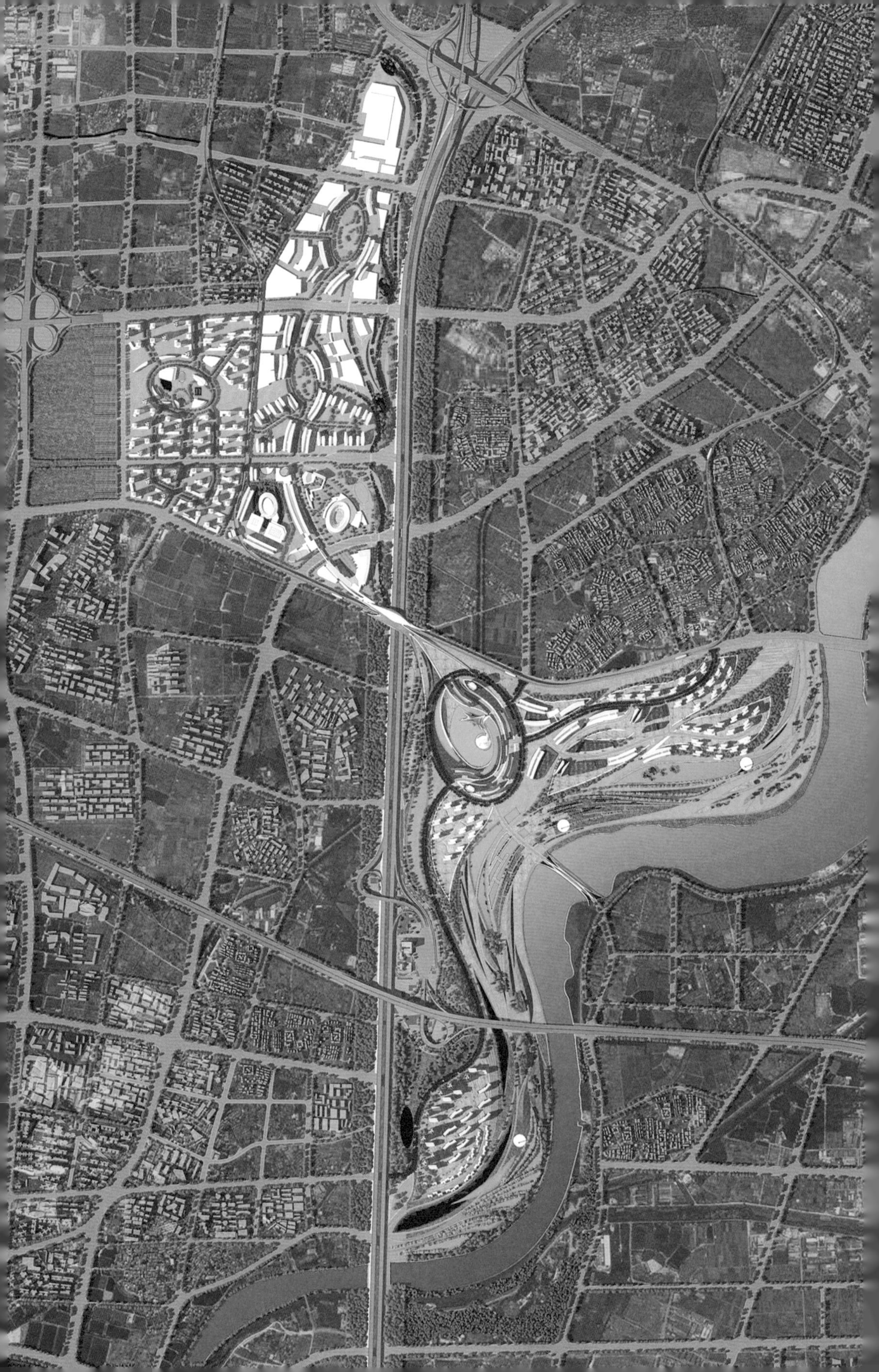

相应建议。[1]此外，亦有学者以书法蕴含的美学原理、美学规律、美学构形、美学技艺为基点，探讨将书法融入到城市主题文化建设的可行路径。如：在城市形象中注入书法精神内涵和文化性，在城市景观设计中凸显书法的观赏性，在城市生活中拓展书法的实用性。[2]

“中国南方航空公司航空产业城”（图3）的建筑设计是以木棉花枝标识和空气流动动感为原理，不仅表现了书法蕴含的美学原理、美学规律、美学构形、美学技艺，也充分展示了建筑与自然的和谐统一，更直观地提升了该项目的前瞻性和未来感。

图3　中国南方航空公司航空产业城规划图

2. 书法艺术介入城市空间的探索

把书法艺术作为一种策略直接或间接地介入建筑设计、城市建设中，从而创造出具有传统意境的空间场所，这在中国当代建筑实践中不乏一系列代表性的重量级建筑师和实际案例。

两院院士吴良镛先生提出“广义建筑学”“人居环境科

①林哲涵．从汉字的书法轴线规划看城市中轴线规划——以明清北京城中轴线的设计处理为例[J]．浙江建筑．2014(6)

②马亚．书法元素在现代城市公共环境中的应用研究[J]．解放军艺术学院学报（季刊）．2012(4)：83-86

学”“乡土建筑的现代化，现代建筑的地区化”，认为现代建筑要多考虑建筑文脉，体现对原有环境（无论自然环境与历史环境）的应有尊重。在他的代表作品北京菊儿胡同（图4）的设计中，基本保留了大院落的组合形式，延续传统的邻里交往方式，最大限度地维持了原有胡同的传统结构，犹如楷书的字正方圆，左右平衡，舒展自如，增加了人文气息及人们对城市空间的认同感，延续了传统文脉，达到“人居艺境”的艺术高度。

图4　北京菊儿胡同

中国工程院院士、中国建筑设计研究院院长、总建筑师崔愷主持的“本土设计研究中心”成立之初，便一直致力于创作表达“在地性”的建筑作品。他主持设计的凉山民族文化艺术中心根植于凉山特殊的地理环境与文化背景，是彝族传统文化与现代艺术的结合与相互诠释，建筑形态如书法的一“撇”，内敛但蕴含着爆发力，体现了传统与现代、地域与共荣、自然与人文、建筑与戏剧和谐统一的关系。

中国工程院院士、华南理工大学建筑学院院长兼设计院院长何镜堂在他的“两观三性”的建筑理论体系中创造性地把“地域性、文化性、时代性”融入到整体的、可持续发展的语境之下。在华南理工大学逸夫人文馆、汶川大地震震中纪念馆等项目的设计中，人、建筑和自然环境和谐共处，体现出“天人合一”的哲学观，这与书法所具有的内涵不谋而合。

家琨建筑设计事务所主持建筑师刘家琨长期扎根巴蜀，对“当地”现实的专注与策略的选择，使他致力于对各种地方建造方式和材料都进行尝试和考量。鹿野苑石刻艺术博物馆、四川美术学院新校区等项目响应低技美学，建造采取牢牢贴近于现实的可行的态度，充分反映了建造手段取材于“当地”的“在地建筑观”。这体现了书法实用性兼具艺术性的务实精神。

中国著名建筑学家、建筑师和建筑教育家，中国现代建筑奠基人冯纪忠先生毕生都在探索符合中国地方特色的现代建筑之路。在他的代表作云间方塔园的总体设计中，以宋代飘逸俊秀的韵味为基调，因势利导、因地制宜、以古为新。园中何陋轩的造型来源于上海市郊农舍四坡顶弯屋脊形式，方砖地坪，四周通透，采用具有文化符号色彩的竹子作为主要结构材料，节点形式耐人寻味，整个建筑静中寓动、以小见大，如王羲之的行书，自然潇洒。

普利兹克建筑奖得主、“文人建筑师”王澍受传统书法、山水画和江南园林的影响很大，每日习书法不辍。他指出：“如果想培养出中国自己的建筑师，还是要从传统的基础入手……我们的课程从学书法开始，这种基本的对造型和空间感的判断是无法用语言描述的一种本能。”他对乡土建筑深入采风调研，利用乡土建筑的生命力，让现代建筑有了传统书法的神韵。在中国美术学院象山校区的设计中，王澍利用书法中一气呵成的笔法，完成了建筑的布局关系，通过旧砖瓦、灰白墙、木材等元素的重复使用，营造了一个和谐有机的整体。

由同济大学教授、建筑系副主任，上海市建筑学会建筑创作学术部主任章明和建筑师张姿创建的原作设计工作室，多年来在建筑创作的领域以多元化的方式探讨着“在地建筑”的实践标准与理论意义。在理论层面，章明提出在书法“整体观、体悟观、平衡观”的中国传统文化价值体系的框架下，打造层次丰富、灵动融通的空间形态，营造淡逸素朴、纯净朦胧的意境氛围，构建张弛有度、和谐平衡的共生关系。在他们的实践项目中，能够清晰感受到建筑师尊重文化生活、场地环境、材料建造、形境意蕴的设计态度，以及对于“此时此地”这一同时表达地点性和当代性的长期问题做出的审慎回应。

同济大学公共管理系主任、教授诸大建指出，一座宜居城市要有四个“可”：可居住性、可就业性、可休闲性、可出行性。而这关键要靠合理的城市空间规划。空间规划与书法艺术相结合是否能回应当下的城市问题？是否能塑造“艺居”的城市环境？这一定是一个值得探讨的开放式命题。尽管这些理论观点和作品的出发点、侧重点不同，特色各异，但它们无一例外都是根植于当地而进行的现代建筑思考与实践。书法是一门艺术也是一种立场，在实践中既反映了设计师对于“为中国而设计”的要求和探索，也说明了传统文化价值在历史进程中的演绎与进化。

总体来看，当前的城市空间研究仍是比较理性和技术性的，和传统文化的结合不够，导致城市个性缺失，千城一面，其“城市空间规划建设时对于当下流行的国外城市空间规划理论往往采取‘拿来主义’的方法，甚至直接把国外的城市形象复制拼贴到中国城市中。这样一来，导致传统的、独具特色的民族情调的丧失，变成了标准化、人工化的流水产品，呆板且单调”[①]。这种情况的存在，亟需我们树立跨界的理念，以城市“有机更新”的方式，将传统文化植入，从而打造具有民族特色的城市。

①蒋宇．中国城市化进程中城市景观美学问题研究[D]．重庆：西南大学，2012

【第一章】

现状考量：书法与城市空间转绎的SWOT分析

20世纪80年代初，旧金山大学管理学教授韦里克提出SWOT分析法，来分析公司的竞争。这种方法又称态势分析法或优劣势分析法，即通过调查与研究，列举出与研究对象密切相关的各种主要内部优势（Strengths）、劣势（Weaknesses）和外部的机会（Opportunities）和威胁（Threats）等，通过调查列举出来，并依照矩阵形式排列，然后用系统分析的思想，把各种似乎独立的因素相互匹配起来进行综合分析，由此得出一系列相应的结论，这些结论通常具有一定的决策指导意义。将SWOT分析法运用到书法艺术与城市空间规划的跨界转绎研究中，能更加清楚、全面地反映二者的相应关系。

书法艺术向城市空间转绎的逻辑依据，来自于二者转绎的必要性、可能性及其互通性。借用SWOT分析法，本章将具体揭示出，由于历史和现实的原因，迄今为止，书法艺术与国内城市空间均面临着机遇和挑战。

第一节　优势（S）

书法艺术与城市空间跨界转绎的优势，是从书法艺术本身具有的文化潜力、抽象精神、创新传统、跨界基因等方面体现出来的。

一、书法的文化潜力

书法艺术是中国传统文化的精髓，是其能够与其他领域进行跨界转绎的根本优势。从书法数千年的传承和演进看，其具有显著的传承性和发展创新精神。正是这种生生不息的民族传承精神，才使中国书法古老而又常新。因此，凡是扎根或发端于中国传统文化，汲取中国传统文化养分的各类艺术，如诗歌、绘画、建筑、音乐、规划等，都能够或已经与书法发生关联，并相互影响、促进和融合。例如，浙江绍兴就是一座墨色生香的城市，它向人们诉说着一座城市与书法的千年情缘。林语堂先生曾说过："如果不懂得中国书法及其艺术灵感，就无法谈论中国的艺术……在书法上，也许只有在书法上，我们才能够看到中国人艺术心灵的极致。"[1]何为"中国精神"，中国精神首先应该是写好中国字，做好中国人，实现中国梦。文化是民族的根，书法是中国文化的根，中国书法是几千年中华民族最基本的文化符号，是最为独特的不可替代的元素。书法艺术具有基础性和宏大性，被誉为无言的诗、无形的舞、无图

---

①林语堂．中国人[M]．上海：学林出版社，1994．285

的画、无声的乐。中国书法以其悠久的历史、深厚的文化内涵和丰富的艺术呈现形式，几乎是世界上唯一的文字实用功能以外，兼具艺术价值的美的呈现。在国外，这是中国—中文—古典，甚至经典的象征。在国内，这是传统，可以是文化,是艺术,是文学。一个现代建筑有了书法，反而显得时尚了；一个自然景观有了书法就积淀了历史和人文。也是由于书法百家百派的表现形式，加上现代理念的千变万化的呈现方式，让中国书法在实用功能以外，可以极具审美、装饰、文化的功能。

从某种意义上讲，书法艺术是中华文化取之不尽、用之不竭的一座“金矿”。尤其是对传统文化的传承、教化功能及人格的塑造等极为重要。因为中国文化的传承与发展是一个环环相扣的开放系统，在文化的传承与发展中，作为中国传统文化最凝练的物化形态的书法艺术，发挥着别类艺术所不能替代的重要作用。以书法的文化功能为例，可以表现为静态和动态两个方面，静态的文化功能积淀在历史的发展中，动态的文化功能活跃在现实生活中。在宏观开放的系统下看书法的文化功能，就会发现它具有多重、多层、多义的特殊结构。此外，书法在城市中还展现她的艺术一面，现代城市书法最常用的表现形式是景墙、浮雕、汉字书法地景、地面铺装和城市标识等，而为了表达线条的艺术性和形体的美感，汉字书法已经升华到字体艺术，其表现形式更加自由，形态越来越丰富。

二、书法的抽象精神

书法艺术作为中华传统文化的最高层，是一门具有高度抽象特征的艺术，在笔墨点画的狭窄通道中极尽了对抽象形式的精神感受力，在点画纵横之间，传达着引人入胜的张力，传递着或沉郁，或庄严，或豪迈的人生精神。

从书法艺术的形势和体势的表现性来看，它与城市空间规划和建筑具有同一性，其抽象的艺术形式和城市空间规划的结合，具有天然的联系。这种联系既来源于自然，扎根于历史，更深深地存在于每一个受到中国传统艺术熏陶的中国人心中。从书法艺术本体论的角度看，书法作为一种特殊的艺术现象，首先把线条作为传导生命律动的“语言”，而这种构成作品的“语言”必将是一种抽象化的具体物象，它也来自书家对自然、社会、人生的体验。

书法家的艺术灵感来源于大自然的韵律。不论是枯藤的雅致，劲松的坚韧，还是残梅的凄美，都表现出了一种生命的韵律与冲动，这种美是一种摄人心魄的和谐。同时，自然环境也因地域的不同而千差万别。不同地域、不同时代的书法家从自然中提取美的不同方面，从而创作出不同的书法风格，书法界百家争鸣、百花齐放的景象出现了。以王羲之为代表的晋人书法，由于晋代人士的价值取向崇尚高迈俊逸的精神风格、洒脱清远的精神气度，其书法艺术总体上以阴柔为基调，含蓄蕴藉，寓俊宕之骨于清逸之气，柔中带刚；反之，如清朝时期汉民族在心理上有着抑郁愤懑之情绪，金石之学昌盛，又使书家从中获取一种强劲的动力。书为心画，就个体而言，书法作品中的完美线条，是书者情感的倾诉、心性的抒发、怀抱的展示：《兰亭序》可见王右军之飘逸，《祭侄稿》可睹颜鲁公之悲愤。就整体而言，自古至今的书法珍品凭借着千姿百态的线条构建，共同聚集着对中国文化的陈述，对民族精神的彰显。

书法意识来自于中国人对于“万物有灵”的理解，具体体现在尊重自然和师法自然的哲学观念上。城市设计是对历史和文化因地制宜的提炼，并抽象出具有地域特色、鲜明民俗的个性元素，融入建筑与城市空间，形成自身的特色。在当代城市空间规划理念中，人与环境的和谐关系，尊重自然规律，实现资源和环境的可持续发展，也日益受到人们的重视。具备这种观念的城市空间规划管理者及制定者应仔细研究城市发展的自然规律，仔细研究城市的地域特征与地理条件以及这些因素与城市布局和组织的关系，并在城市空间规划的制定过程中对这种城市与自然的关系予以足够的重视。每个城市都应该有自己的特色，保留属于自己的那种美感。江南水乡、湘西小镇、西北古城……它们都有自己的意象。城市的历史和文化是宝贵的城市财富，是城市的“灵魂”，本土设计应扎根于当地生生不息的文化之中，从中汲取营养，继承历史文脉并创造新的文化。

三、书法的创新传统

春秋战国时期，民族文化艺术与强者的文化艺术交融。秦灭六国后,不仅实现了政治版图上的统一，同书、同文及钱币和度量衡的统一也在一定程度上促进了经济的发展和各民族文化的交流。到了汉代，胡汉和亲让文化相互渗透。隋统一后,南北文化广泛交流，无疑也促进了民族文化艺术的交流与繁荣。隋唐五代时期，汉文化在经济转型期从民族艺术、风俗、节日、服饰及饮食文化方面，都有广泛的交融。加之隋唐采取开放政策，文学艺术百花齐放、绚丽多彩，诗、词、散文、传奇小说、音乐、舞蹈、书法、绘画、雕塑等都有巨大成就。①

元明时期，正值欧洲文艺复兴，在传承与创新、跨界融合的发展中，技术与艺术对话，中西方文化空前繁荣。中国的书法、文人画，士大夫领衔的园林式样，西方的雕塑、建筑，文艺复兴的报春花——教堂穹顶等均开启了新风，同时也出现了一批大文豪、艺术家和建筑师。书法在文化融合发展的大潮中，自身也在不断发展。从篆到隶到楷，书体不断传承创新，每个时期的书法也时有高峰和经典。汉隶的蚕头雁尾，章草的笔断意连，《兰亭》的映带牵丝，《松风阁》的中宫紧收及撇捺的开张，郑板桥的“乱石铺路”，弘一的静和简等，都是在继承和创新中不断发展演化的。

书法艺术的品质是与时俱进的，书法的发展史就是一部

①程旭光．北方游牧民族文化与中原汉文化的交汇融合．内蒙古师大学报(哲学社会科学版)，第30卷第6期．2001年12月．94-98

创新史，汇合在文化融合发展的浪潮里。中国书法艺术在各时期、各民族、各国的文化融合发展中，在风格上不断创新，在思想观念上不断与时俱进。既有历史的厚重感，又体现时代脉搏。从篆书到隶书到楷书……抒情性和开创性造就了书法生生不息的发展源泉。

书法的生命在于求变创新。求变的过程就是不断完善自己的过程。所谓“晋尚韵”“唐尚法”“宋尚意”“元明尚态”等均是一个时期的书法艺术特征的总结，其变革动力就是创新使然。同时书法家也逐步形成自己的书法风格。创新是书法家成长的动力，也是书法艺术发展的动力。创新推动了书法的发展。

四、书法的跨界基因

书法艺术原本来自实践应用，服从于实践应用。如书法艺术与园林、绘画等相结合，实现了相互融合、相互促进。这样一种发展轨迹，使其与城市空间规划的结合具有可能，这种活跃有序的艺术恰恰为我们当代城市空间规划提供了不可多得的范本。其他艺术门类在此方面的实践，给予书法艺术与城市空间规划的结合以启迪与借鉴。宗白华指出：“各门艺术在美感特殊性方面，在审美观方面，往往可以找到许多相同之处或相通之处。”[①]在《中国书法里的美学思想》一文中他又说：“中国的书法，是节奏化的自然，表达着对深一层生命形象的构思。”[②]

①宗白华．中国美学史中重要问题的初步探索．美学散步．上海：上海人民出版社，1981．31-32

②宗白华．中国书法里的美学思想．美学散步．上海：上海人民出版社，1981．161-188

世界上没有一个民族和民族的文化艺术是纯而又纯的。无论战争与和平及政权的不断更迭，各民族的文化艺术却交融积淀，被后人继承下来。艺术家个体的创新也与跨界思维密不可分。西方的艺术大家往往集建筑师、规划师、音乐家、科学家等为一身，如古希腊的波利克勒特斯、菲迪亚斯，意大利文艺复兴三杰、帕拉迪奥、贝尔尼尼，丢勒、鲁本斯等等。当代艺术的最重要的特征也是基于跨界而产生的，达达主义发明现成品艺术是基于跨界，以安迪·沃霍尔为代表的波普艺术也是跨界挪用的产物。单看中国书法家也是如此，历史上的书法大家也一般均集文学家、画家、园林设计师于一身，如王羲之、黄山谷、陆放翁、董其昌等。近代书法家弘一法师（李叔同），不仅是著名音乐家、美术教育家、书法家、戏剧活动家，还是中国话剧的开拓者之一，精通绘画、诗文、词曲、书法、篆刻，同时他是中国油画、广告画和木刻的先驱之一。他的书法“朴拙圆满，浑若天成”，被后人称为“弘一体”。而最为我们熟知的应该是他的音乐作品《送别》：“长亭外，古道边，芳草碧连天。晚风拂柳笛声残，夕阳山外山……”这首意境优美的歌曲至今还广为传唱，是李叔同的经典作品，曾被誉为20世纪最优美的歌词。

在中国美学史上曾有一种被称为“泛艺论”的美学思想，它提出把一种门类艺术当做另一种门类艺术来论析、品赏，强调二者互补相通的质素。例如书法与文学、书法与建筑、书法与园林、书法与绘画，乃至于书法与舞蹈、音乐等都有深刻的内在关系，其相通的基础在于中国古人那种“‘俯仰自得’的节奏化的音乐化了的宇宙观”[①]。苏轼曾说“诗不能尽，溢而为书，变而为画”，“文以达吾心，画以适吾意而已”，就是这个道理。中国园林造园就是以“画法”为理论指导，通过道路、假山、建筑、水面、亭、台、楼阁以及花木山水的景观构造，营造出如同“于尺幅之间、变化错综、出入意外”的名园雅室。林语堂先生曾谈道：“书法不仅为中国艺术提供了美学鉴赏的基础，而且代表了一种万物有灵的原则。这种原则已经正确地领悟和运用，将硕果累累。”[②]讲的就是书法包容性的本质，也是书法的跨界基因。正如郭沫若所说，中国的书法艺术史与中国的城建史从源头上就紧密联系，相依相生，书法艺术的发展影响了城市规划哲学，对艺术化的城市空间的营造起到了积极的促进作用。

第二节　弱势（W）

通过以上回顾和分析，我们更加深刻地认识到，书法艺术的文化价值体现在它是中国优秀民族文化最抽象的、最凝练

①宗白华．中国美学史中重要问题的初步探索．美学散步．上海：上海人民出版社，1981．31-67

②林语堂．中国书法，中国人[M]．上海：学林出版社，1994

的、物化了的形态，是传统文化得以发扬和传承的重要方式和途径。可是，在当代文化语境下，对书法艺术的价值却存在着许多认识上和实践上的误区，书法创新在理论上至少受到三个方面的限制：理论性的限制、公共性的限制及扩张性的限制，构成了书法向城市空间规划转绎的弱势层面。

一、理论性的限制

随着我国对外开放的不断深入，中西文化的交融发展，艺术形式的多样性、时尚化的趋势越来越明显，书法的实用功能所发挥的作用和范围越来越小，伴随着书法在历史上所长期具有的文字信息传递功能的弱化，其新的发展途径事实上已经探明——书法艺术功能在实用功能的消解中找到了发展的机遇。

在书法艺术发展过程中，古人在书法理论方面也积累了非常丰富的经验，比如，“商周尚象、秦汉尚势、晋代尚韵、南北朝尚神、唐代尚法、宋代尚意、元明尚态、清代尚质”。从这些书法风格的不断演进和转换中，我们可以看出历代书法家在推进书法艺术发展中所具有的创新精神。

在当下，相比书法艺术化创作的快速发展，书法理论研究方面还比较局限。一方面，围绕着对古代书法史作浅层次的介绍，对古代书论作一般性解释，对古代书法作品进行表面化的分析。另一方面，当代书法理论和美学研究过多地把精力和热情投放在西方艺术思想和美学的“移填”上，而文化底蕴的差异、观念和思维方式的差异、认知心理与接收心理的差异等，有时使研究处于一种“水土不服”的状态。书法的实践已经受制于理论创新的不足。

二、公共性的限制

书法艺术由中国传统文化衍生并且依附传统文化而成长，受到传统文化的灌溉和滋养。电脑的普及发展对书法的书写性和工具性带来了巨大冲击，挤占了书法艺术的生存环境，让书法艺术面临后继无人的尴尬。书法创作实践经过多年的发展，虽然基本完成了从书斋走向展厅、从实用书写走向艺术创作的历程，但参与的人群仍然是小众的“精英群体”。

当今的许多书法家一方面对于古法的学习达到了细致入微的“钻牛角尖”的程度，把书法艺术往深奥方向引领，让人看不懂也听不懂，这些做法都无益于书法艺术的公共化，不论圈内产生多少著名书法家，对于推广书法艺术，已经起不了大作用了。另一方面，对书法艺术理解和应用不够，仅仅把书法作为修身养性的工具，其实书法还具有更广泛的价值，存在着向公共艺术延伸的潜力。当代书法艺术的社会公共价值还表现为：社会教化与审美价值、文化承载与传承价值、社会政治价值、人类意象思维开发的科学价值和经济价值等方面，但是没有引起人们的足够重视。这使得书法成为公共艺术，伴随人们生活、生产的作用受到限制。

三、扩张性的限制

书法的扩张性弱势，首先表现在当下对书法艺术的研究比较片面，只注重本体的研究，而对于城市空间的变化引起书法呈现形式的变化趋势研究不足，导致书法的发展受到限制。传统的东西在当今应该有一个形态的转换，若一味墨守成规，会慢慢失去很多发展空间。书法不仅要继承，更要拓展。现代书法非常有活力，观念开放，融合创新，其表现手法和材质均充满想象力和艺术的感召力。书法艺术时代精神的研究和时代精神在书法艺术创作实践中的体现在当代并没有达到相应的高度。书法艺术时代性的表现方面还没有一个可靠的理论支撑。其次，到目前为止，书法艺术已经和其他领域有很多跨界的实践，但这类跨界往往是形而下的，标新立异的，降低了书法的品位；同时又盲目地追求时尚、跟风，而非从精神上、本质上去关联，进而偏离了书法艺术的本体和创新。正如孙过庭《书谱》中所说：“易雕宫于穴处,反玉辂于椎轮者乎。”要么一味“崇洋媚外”、西化严重，要么死守传统、因循守旧，缺乏能够兼二者之长，兼收并蓄、取长补短的综合素养和水平。因此，处理好突破与创新、承袭与发展的关系，找到一条书法艺术能够可持续发展的道路，不仅是传承传统文化和发展现代文化的客观要求，也是生活在信息化时代城市的人们的主观需求。

第三节　机会（O）

通过对书法与城市空间转绎的优势层面和弱势层面的分析，我们对其现状已经有了基础了解，从这两个要素的分析中，我们可以观察到在两者间进行转绎的机会。

一、文化的复兴

中国古典的哲学思想对书法艺术产生了较强的影响。比如，阴阳、中庸、禅宗、佛理等，无疑都给书家们的创作起到重要的指导作用，它深深地体现在书法发展的理论中。物质生活水平的上升需要精神层面的提升，而精神层面的提升需要找到本民族的根和特点。随着经济的发展，人们需要精神的回归，书法艺术恰有哲学的传统思想、社会心理、审美意识，这意味着书法艺术的新发展具有本质的内生力。近年来，在文化建设上，我们已经形成了这样的共识，即在学习汲取先进的科学技术，创造全球优秀文化的同时，对本土文化要有一种文化自觉的意识、文化自尊的态度、文化自强的精神，共同企望中国文化的伟大复兴。

“城市建筑贪大、媚洋、求怪等乱象由来已久，且有愈演愈烈之势，是典型的缺乏文化自信的表现……建筑是凝固的历史和文化，是城市文脉的体现和延续。要树立高度的文化自觉和文化自信，强化创新理念，完善决策和评估机制，营造健康的社会氛围，处理好传统与现代、继承与发展的关系，让我们的城市建筑更好地体现地域特征、民族特色和时代风貌。”[1]这在传统文化复兴呼声高涨的今天，非常值得我们深思。

二、科技与学术的进展

互联网、云计算、新材料、新工艺的产生，新的管理模式的创新以及心理学、透视和规划理论的出现都为传统文化的突破，开辟了新的方向。科技的发展和人的物质文化水平的提高，为书法艺术和其他艺术之间的跨界和转绎提供了可能，为跨界融合提供了前所未有的物质和技术基础。另外，学术研究的新进展也打开了人们的视野，如场域理论、城市意象理论、环境理论等，这些理论的发展对实现书法艺术与城市空间的跨界具有重要的推动作用。

书法应从传统的“文房四宝”中解放出来，与先进的现代科学技术相结合。现实生活中，为了充分保留书法艺术美感的民族传统性、吸取书法精神，开拓书法的意义，通过书法材料和表现手段变化，也就是把传统的笔墨纸砚和现代灯光、电子技术等紧密结合，令当代书法的创作空前活

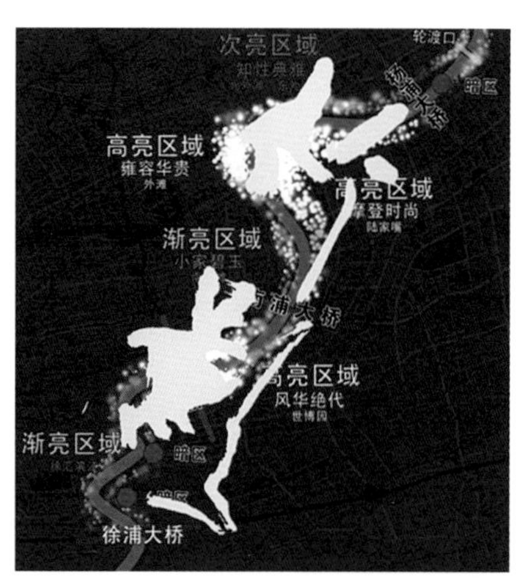

图5　世博灯光设计图

①崔愷．文化的态度——在中国建筑学会深圳年会上的报告．建筑学报．2015(3)：6

跃，赋予现代书法特有的个性，可采用电子、激光技术、水幕等方式展示书法的魅力。由吴振伟设计的世博景观灯光遵循了书法艺术意境与精神，做到虚实相间、抑扬顿挫、强调光与影的变化，通过影来衬托，体现优雅、宁静、大气的氛围，使整个规划转承启合，富有节奏变化和韵律。（图5）

三、艺居意识的深化

美即是生活。吴良镛先生的人居环境理论指出，“中国历史上的人居环境就是以人的生活为中心的美的欣赏和艺术创造”，因此，“人居环境的审美文化也是规划、建筑、园林及各种艺术的美的综合集成”，包括书法、雕塑、绘画、工艺美术等等。自古以来的人居环境曾经拥有非常辉煌的艺术成就，这从我们的考古发掘、历史遗迹以及名家画卷、诗词歌赋等就

图6　艺居的城市空间

可以看出。他认为，“神州大地、万古江河构成多少壮观的城市、村镇、市井、通衢”，实质上，“人居环境中蕴藏着无限丰富的审美文化”，有待我们去发现、挖掘。

规划师、建筑师的责任之一就是“在人居环境建设中进行自觉地创造”，参与其中的人都应该加强文化艺术的修养，成为艺术、文化、政治、经济、建筑、雕塑、绘画等各方面的集大成者，创一代新风，并联合诸艺术门类的大家们，抛弃个人的固执与偏见，以超强的人格魅力、共有的热情、精湛的艺术智慧与崇高的合作精神，从众说纷纭的迷茫中走出来，从事综合的美学创作，力争实现由“人居”向“艺居”的转变。[①]（图6）

四、文化视野的拓展

全球化的进程使得中西方的文化进一步交融，而这种交融为书法文化的创新提供了现实的基础。如何把书法的使用价值、文化价值、审美价值挖掘出来，用于跨界、用于城市空间，彰显城市空间的文化内涵，探索具有民族性和现代性的空间设计语言，本身就是当代中国人的一种情感追求。书法作为中华文化艺术的核心，在面临当前的诸多困境之下，其求变、求发展、求出路也是书法发展最重要的机会和动力。

与全球化进程一致，多样艺术门类之间系统交叉发展成为主流，新的思潮、新的发现均为书法艺术跳出书法研究的固有范畴提供了工具。人类社会的发展历程是从混沌时期、农耕

①吴良镛．论中国建筑文化研究与创造的历史任务．城市空间规划．2003年第27卷第1期．12-16

文明、工业文明再到城市文明。目前我国正处在城镇化快速发展的关键时期，文化的传承永远是可持续发展的重要因素。正因如此，当前书法的发展如果能和城市这个最大的文化载体结合，则一定能为城市和书法的创新和发展提供机会和方向。

第四节　威胁（T）

从发展的外部环境来看，书法与城市空间之间虽存在着转绎的机会，但同时也存在一些威胁的因素，需要深刻认识，加以转化，在危机中寻找机遇。

一、从认识角度看

当下，传播方式和呈现形式的变化，是书法面临的主要威胁，也是促使传统书法艺术加快其现代转型的主要原因。书法的呈现形式和展示空间随着时代的发展而发展，从而促使字体书风的变化以及审美观念的变化。“所学范本的价值与意义更多的是作为一种审美取向上的引导标志，而不在于点画字形的相似与否。”①

这种变化，对书法艺术的发展既带来挑战，也创造了机遇。正如矛盾的两个方面，在一定条件下可以转化，此消彼长、消长与共。随着电子信息时代的到来，传统书法基于实用的功能面临着向表现情感的视觉艺术转化的必要，就好比欧洲照相机发明之

①刘恒．中国书法史·清代卷．南京：江苏教育出版社，1999．204

后，绘画艺术从再现向表现转化一样。加之城市化进程的加快，书法呈现空间进一步扩大，提高书法作品的艺术性，使作品更加符合现代传播交流和呈现展示的需要，进入展厅、进入建筑、进入城市空间。

随着中西文化的交融，世界已经成为“地球村”，融合发展、追求时尚以及坚守本民族传统文化成为一对矛盾，在缠绕交织中前行。而既要开放包容，又要弘扬传统，是我们应有的态度。“人不敢道，我则道之；人不敢为，我则为之。”正如彭彤教授指出：“中国艺术要超越东方身份和中国意识。”[①]这最需要改变我们传统的思维方式。赵鑫珊教授在《哲学是舵艺术是帆》中曾举例：“晚清来华的西方传教士所作‘中西文化比较观’：‘西人事事翻新，华人事事袭旧。’华人的崇古心理来自儒家的保守性，孔子教导人们以信古、复古和效法古人为最高宗旨。儒家哲学最恨舍旧图新、见异思迁者。”[②]然而，以开放包容的心态，正确把握中西文化的关系，实现中外文化交融的成功范例在中华几千年历史中比比皆是。如南北朝的佛教雕刻、唐宋的寺塔，都起源于印度，非中国本有的观念，但最终却以中国风格驰名世界。上海的海派文化也是基于中西方文化的交流而逐渐形成的。因此，我们应面对中国实际，挖掘无穷无尽的中国文化宝藏，融合西方理论与实践

①彭彤．超越东方身份与中国意识——罗中立九十年代油画的“东方精神”．美术学报．2007．62

②赵鑫珊．哲学是舵艺术是帆[M]．上海：上海辞书出版社，2012．9

精华，充分体现中国气派的风土人情，在工作中灌注一种中国现代性精神，努力处理好“中与西”“古与今”的关系，走一条“中而新”之路。

二、从理论指导看

理论是指人类对自然、社会现象，按照已有的实证知识、经验、事实、法则、认知以及经过验证的假说，经由一般化与演绎推理等方法，进行合乎逻辑的推论性总结。经过实践检验的理论，具有“超越”实践并对实践活动、实践经验和实践成果进行批判性反思、规范性矫正和理想性引导的重要作用。正如恩格斯所说：“一个民族想要站在科学的最高峰，就一刻也不能没有理论思维。”[①]书法艺术在长期的发展实践中，形成了丰富的理论成果，这些理论又对后来的书法创作提供了指导，反复地推动着书法艺术不断向前发展。然而到了当代，逐步脱离实用而升华为艺术功能的书法在实践道路上迈出了新的步伐，但书法的理论创新则相对不足，理论研究的视野不够开放，与更加强调书法艺术功能的实践不相适应。

理论的生命力在于创新。在艺术全球化的当下，我们要以辩证的眼光，勇于扬弃和吸纳，在继承传统书法理论精华的同时，要积极归纳总结现代书法实践经验、吸纳国内外新的先进理论，为当代书法创作提供科学指导。如西方的格式塔

①恩格斯．马克思恩格斯选集[M]．北京：人民出版社，2012．467

心理学理论、城市意象理论、图底理论、场域理论等都可以对书法创作和理论创新提供启迪。理论，为当代书法创作提供科学指导。如西方的格式塔心理学理论、城市意象理论、图底理论、场域理论等都可以对书法创作和理论创新提供启迪。

三、从实践层面看

从实践角度看，当下书法艺术面临两种倾向：一种是封闭的、小众的，局限在一定的圈子里，与外部缺乏交流和比较，容易造成创作眼界不宽，创新发展不足；二是过度的时尚化和碎片化，片面强调艺术性和视觉效果，脱离了书法基因的延续和应有的精神，也不应是书法创新发展的要义和方向。现代书法的发展和实践，应该正确处理好继承与创新的关系，在保持自身个性特色的基础上创新发展。“展示空间的变化是促进书法发展的主要动力。”因此，必须适应城市空间的发展变化，在新的展示空间，寻求新的发展之路。过去，书法艺术在城市运用得相当广泛，城市商店的店招、店牌等都是由书法家书写，如匾额、楹联、路标、墙壁刻写、镌石镂金，是城市人文景观的重要组成部分。如王羲之的《兰亭集序》、王勃的《滕王阁序》，还有范仲淹的《岳阳楼记》等等。而现在城市空间进一步扩大，书法的呈现空间却没有随之拓展，城市中直接或间接的书法艺术呈现都很少见，出现了发展的断层。

李立新教授关于传统手工艺发展的观点认为，“手工艺在当代的复兴或消亡，并不取决于人们的意愿，而是取决于手工艺本身”，最终“取决于它是一个开放的系统还是一个封闭的系统”。只有“建立在现代人生活习惯和消费习惯基础上的产品创意”，才会获得市场的青睐。他指出“产业模式正由以生产者利益优先向满足消费者个性、审美、多样化需求的方式转变”，因此，必须坚持创新和跨界的发展。[①]书法艺术作为中国最具抽象的传统文化，也面临着同样的选择。

新的现代传媒科技与建筑与城市设计的结合已经产生了创新的应用。美国拉斯维加斯中心的弗里芒特街的大型商业娱乐和商业街，利用高科技多媒体技术，整个商业步行街覆盖以一个巨大的空间网架，网架本身可转变为一个巨大的电视屏幕，晚间可提供各种灯光和音乐表演，这个设计项目把城市的街道转变成“都市剧场”。我们可以参照此种设计，将书法艺术作为一个重要的元素介入其中，让人们在欣赏到绚丽多彩的表演的同时，更给人们提供信息时代全新概念的传统文化与现代科技时尚相穿越的时空体验，这具有相当大的可能性。（图7）

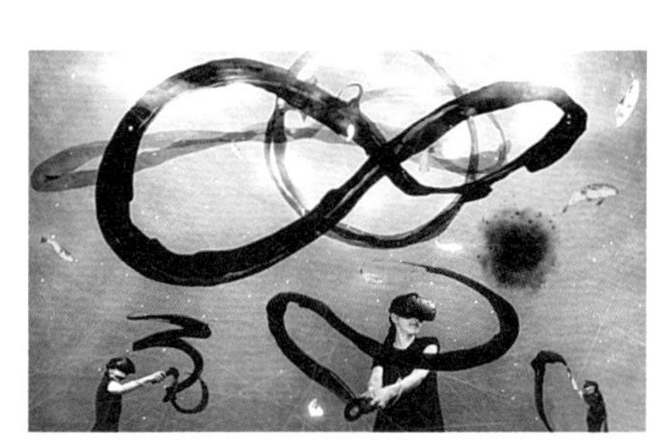

图7　书法与科技

①李立新教授访谈．http://old.design.cn/gyms/2009-09-02/11637.html

【第二章】

预期：书法艺术与城市空间转绎的必要性

书法艺术向城市空间的转绎，首先是基于书法艺术发展面临的挑战而提出的；其次是针对国内城市空间规划所面临的困境。两个问题的相遇，产生出书法艺术向城市空间转绎的必要性，同时赋予本课题以跨界研究的性质。

第一节　书法艺术当下面临的困境

与其他艺术门类一样，书法艺术的发展，受制于他律性和自律性两个维度。在这两个维度上，经过漫长的历史进程，书法艺术至今还面临着发展的挑战。通过前一章的SWOT分析，可得出其困境具体表现为：实用和艺术功能相混淆、书写主体文化素养的缺失、传承载体的局限。

一、实用和艺术功能相混淆

书法自产生之日起就是实用的。最早的书写就是“以书载道”，其基本作用就是传递信息、表达思想、传承知识、记录历史。在漫长的历史时期内，书法的艺术性和实用性从不彻底分离。但进入现代，书法的内外部环境发生了巨大的变化。从外部来看，随着行使“记言”功能的书写因电子信息技术的发展而虚拟化，传统的书写方式也由此淡出历史舞台；从内部环境来看，随着书写功能的衰落，基于书法本体自律的发展要求，书法成为了一个独立的艺术门类。自此，书法的功能发生了内在的变化，从实用中摆脱出来，转变为艺术功能。在传统上，“书道”承载着“记往知来”的文化使命，在社会的实用生活中扮演着重要角色，而现在，“书道”成了艺术本体意义上的“书艺”，通过书法寄托审美和表情达意成为根本的指向。所以，当前书法的发展需要辨明二者的关系，从这种相互混淆的状态中走出来，实现书法艺术的本体价值。

二、书写主体文化素养的欠缺

在传统社会，书法家往往是社会的知识精英。即便是秦汉时期负责文献传抄的所谓“书吏”也都经过了严格的文化训练。如许慎《说文解字·序》所言：“学童十七以上始试，讽籀书九千字，乃得为吏。”又如《汉书·艺文志》所言：“儒家者流，盖出于司徒之官，助人君，顺阴阳，明教化者也，游文于六经之中，留意于仁义之际，祖述尧舜，宪章文武，宗师仲尼，以重其言，于道为最高。”由此可以看出，古人一方面高度重视汉字的文化意义的理解与书写技能的严格训练，另一方面，对书法家的文化素质、道德情怀等也予以了高度重视。历代有成就的书家，往往具有比较全面的文化修养。

在今天，书写主体文化素养的欠缺给中国书法的健康发展带来了内部危机。一方面，很多学书者，对书法价值的认识不足，仅仅把书法看作是一种书写的技能，而忽视了作为书法家重要支撑的文化积累，出现了严重的书法“去文化”现象。另一方面，世界变化日新月异，作为艺术家的书法家的文化结构也应随之变化而变化，在传统文化素养提升的同时，更要强调书写主体的世界眼光和中国意识的统一，学习认识和掌握艺术本质的规律。过去的书法家常常是“杂家”，现在也应如此。只不过其文化素养的要求不同，要在传统基础上做“消减”和“转化”。“消减”取消的是不合时宜的，“转化”增加的是与时俱进的。如造型艺术、构成原理、视觉心理、城市设计、建筑艺术、城市文化等集城市设计、文化艺术、科学技术于一体的具有综合文化学养的“杂家”。

三、传承载体的局限

书法作为一门古老的中华艺术，被中国人视若珍宝，但在现当代艺术载体越来越丰富的情况下，它的生存和发展正遭受着前所未有的威胁。上文的梳理分析告诉我们，书法艺术发展到今天，面临着他律性和自律性发展的双向挑战。从他律性来看，书法是汉字的艺术，历来与汉字有着密切的关系，可是愈发展这种关系就愈发生背离。书法由此而基本丧失表意（即传达文字信息）的功能，不再作为传达信息的必要工具。与之相伴随的，便是书法与文学、与个人志向情趣意境的脱离，从而影响到书法文化的整体发展。这是因为书法功能的缺失导致主体在量与质方面的减弱，进而导致文化内涵的萎缩。从书法发展的自身规律看，书法经历了“从技术到艺术”的发展历程，但由于其程式化的封闭性，逐渐从艺术创造变化为“唯手熟尔”的技艺；书法之“法”与艺术自由、艺术创新的矛盾日渐突出，导致了传统书法审美维度的局限性。书法如何向前发展，经历了无数代人的探索和研究，但是研究的思维方式、方法一直都没有跳出书法的框架，还是局限在书法艺术的本体之内。

书法与城市空间的结合，虽然也有关于在城市空间中尝试“中国汉字建筑”的实践，但二者的结合，终究还停留在外观造型、具象仿造等形而下的层面，与“用书法艺术的原则和精神营造城市”的境界相距甚远。而且，目前书法艺术与城市空间的结合，往往是孤立的、静止的，一厢情愿地作为城市设计的元素，并非将书法艺术作为整个城市空间的一部分，在设计中充分参与，发挥自身的个性、魅力和特色。比如，书法所具有的形式多样、组合自由、富有历史感和时代感等特征，可以成为设计、绘画和雕塑的表现语言，在适应特定的文化环境中与周边的空间关系相结合，在关系中体现出其作用。

书法毕竟不是万能的。当书法作为一种资源植入城市环境中时，也应体现当下人们审美观念的变迁，应更多的是一种理念、心理、行为、方式，渗透到当代人们的生活中去，和着时代的节拍，同城市一起繁荣发展。

第二节　国内城市空间的缺陷

城市不仅是人们的生活家园，也是人们的精神家园。当前，一方面，我们创造了城市化的奇迹，城市建设以空前的规模和速度展开；另一方面，我们却为城市化支付很大的成本和代价，其中就包括城市空间文化特质和风貌的丧失，城市中的认同危机与文化冲突等。当前城市化发展的主要问题，可归纳为以下三个方面：

一、城市规划人文观念的缺乏

中国城市建设犹如当前工业产品中的“中国制造”，没有自己独特的核心观念和文化身份。与城市化速度相比，我国城市空间规划理论的进展却相形见绌，没有集中性的理论突破，也缺乏持续性的观察研究与实践总结。这种情况下影响的不仅仅是学科成熟的进程，还有解决城市问题能力的下降，这已经导致规划师在城市决策中的发言权越来越少。在新的历史时期，中国的城市空间规划学科如果在理论层面上不能有所应对、有所突破，它的地位将难以避免地进一步下降，城市建设到头来会成为低品质的城市空间和乏味的城市形象。

城市的魅力在于自我更新、进化、演变。潜移默化中，个体自幼年至成年，求学成才、婚嫁养育、颐养天年，同一个社区里，随时随地发生着细微或显著的变化，伴随着人的一生。这些沉淀是城市的记忆，也是家庭的记忆、个人的记忆。而近年的城市设计，往往一蹴而就，所有建筑功能属性事先封固，缺乏弹性，导致城市生态疏于进化，丧失了魅力。

究其原因，我们对传统民族文化的传承和创新，以及用之指导城市建设和发展，不是越来越多，而是越来越少，从而带来普遍的文化认同感和城市归属感的缺失。营造城市自身特色，建设独有的城市主题文化，提高市民对于所属环境的认同感迫在眉睫，这也许是我们的共同感受，更是我们共同的无奈。

二、民族传统与个性特色的消解

一个城市的文化传统，不仅仅是城市的物质空间，也是城市居民对于生活图景的记忆和体验。当前规划中对于城市的民族风情、地理状况、人们的文化追求和共同的心理等没有引起足够的重视。城市空间的变迁或演化因循着资本生产和利益追逐的路径前行，城市空间的高度雷同或频繁“借用”成为当下全球化浪潮中不得不承受的痛楚。由此导致：

重规划建设，轻文化营造。对城市有机更新的理念视而不见听而不闻，造成文化空间支离破碎；在规划建设中以对自然的无限制掠夺满足发展欲望，抄袭、模仿、复制现象十分普遍，城市面貌急速走向趋同，各地具有民族风格和地域特色的风貌正在消失，历史文脉被割裂，最终将导致城市家园历史记忆的消失。

重外在形象，轻精神内涵。传统文化的挖掘，现代文明体系的构建，人与人、人与自然的和谐都被忽视，城市缺少精神文化追求。一个城市的最终美誉度，不是体现在高楼林立，而是在于传统文化和现代文明的结合与发展。一些城市对城市文化软实力的理解不够透彻，导致城市没有文化的核心竞争力和文化认同感。

重外来文化，轻本土个性传承。经济全球化带来文化全球化和各种文化的“冲突”，这个问题无法回避，我们应该抓住机遇，而不是一味崇洋媚外。过去三十年的中国现代化步伐迅猛，城市发展和建筑量急速膨胀，中国规划建筑界接受了几乎全盘西化的建筑空间模式，从城市与建筑设计理论到形式、技术、工程实践，大都复制西方空间模式，而中国的传统空间艺术和美学在规划建筑空间领域几乎丧失殆尽，中国文化、艺术与审美的作用被边缘化，中国城市正逐步丧失自身文化特征。

在当代中国现实生活的背景下，对“中国精神”更为内化、抽象、本质的表达，这才是我们应强调并坚持践行的第三条道路。

三、技术标准化与艺术感性化失调

毫无疑问，城市运行的诸多子系统需要一定标准化的技术来指导各项建设的规范。然而，城市空间规划的对象是城市，作为具有在地性的社会经济自然相互作用的综合体，不同城市是由不同的自然与人文背景共同形成的产物，具有其自身的文化传统、空间艺术特色、情感认同和历史承袭，这些都应是城市空间规划与建设者工作的基本认知所在，而不是将它视为生产线上制造出来的工业产品，造成文化的缺失、情感的阻隔和与历史脉络的割裂。

“近代城市空间规划技术之所以不像制造技术那样在不同背景的社会中迅速普及与传播，是因为城市空间规划技术与制造技术这一包含纯技术因素的技术相比还存在另外一些受到意识形态、风俗习惯、行为观念和社会制度等影响的‘非技术’层面因素。”[①]在城市空间规划中融入非技术化即人文艺术已经成为共识，书法作为一门人文艺术具有极大的引入和可研究价值。比如书法艺术中所谓的“法无定法”可以启发我们灵活针对地方特征柔化刚性的标准条文，满足个性发展需求，提升城市文化品质。人居环境不能失去人文精神，科学技术要与人文科学结合，这样才能在建筑设计和城市空间规划中发扬民族的文化精神。汲取文化传统，将其运用到建筑设计之中，建筑就能成为城市的点睛之笔；否则城市就会失去生命与灵性，只能成为实用主义的物品，这实际上就是一种遗憾。

①谭纵波．国外当代城市规划技术的借鉴与选择[J]．国外城市规划．2001（59）.38

第三节　书法与城市转绎探索的预期

从书法艺术与国内城市空间规划各自面临的困境中我们可以发现，将书法与城市空间联系起来加以考虑，在两者之间进行跨界探索，对突破书法艺术的发展瓶颈和解决国内城市空间规划的困局，均具有重大意义。

一、扩大书法传承维度

上述梳理分析告诉我们，书法艺术发展到今天，面临诸多问题。如何“跳出书法看书法”，方法和关键词就是“跨界”“组合”“团队”，要通过这些方法进行整体研究。同时，未来的生活方式是一种城市的生活方式，书法的跨界就是把艺术和城市关联起来，以城市空间作为新的呈现平台，一方面成为城市环境的一部分；另一方面成为城市凸显民族个性文化的标签和丰碑，这座丰碑的背后体现的就是中国书法的精神，内涵就应该包括中国书法表现方式。而整个城市空间就是书法文化所包容浸润，并为书法艺术的呈现提供新的空间。

通过对书法文化资源的挖掘和转换，使代表着中国文化传统、民族审美心理和丰富艺术思想、实践的书法，及其所形成的独特体系与形态，融入到城市文化的源流当中，让书法艺术与城市空间发生无缝的对接和激情的碰撞，在碰撞和融合当中释放各自的能量，为塑造城市的文化和书法艺术的发展开辟新的道路，营造良好的人文宜居环境。

二、凸现文化创新功能

矛盾贯穿于一切事物的运动发展中，具有普遍性和特殊性。矛盾的特殊性决定着事物的个性，是一事物区别于它事物的根本。个性化、差异化是艺术创新的根本规律。真正的艺术创新应是黑格尔所说的“这一个”，应是“熟悉的陌生人”，让人们从其所具有的差异性中获得特殊的精神体验和非同一般的新鲜感、愉悦感，而不应也不能是司空见惯的俗套。

矛盾普遍性和特殊性的原理，恰恰为解决书法艺术和城市空间两者各自的问题提供了方法。在世界艺术之林，中国书法最能表现东方文明的独特性。书法作为传统文化与城市建设的最佳结合点之一，是有别于其他城市个性的最佳选择。它一旦融入城市空间的塑造进程，就为打造具有中国特色的城市风貌格局提供了可能，有助于体现中国城市建设的民族特色和艺术个性，从而彰显城市文化的特色，并走向世界。城市空间的塑造、文化的营造则为书法艺术的普遍文化价值提供了广阔的展现舞台，为书法文化的推广、扩大开辟了新的道路。

三、书法与城市在融合中升华

在城市空间和建筑的审美领域中，熔铸了书法的审美品格，在书法的审美空间里，亦流通着建筑的文化精神。从书法蕴含的美学原理、美学规律、美学构形、美学原则出发，寻找创作灵感转绎到城市规划建筑设计中去，以期打造具有中国文化和精神的个性城市，也是一件顺理成章的事情，理当得到人们的认可。如王澍设计的宁波博物馆（图8），在建筑体块组合中，阐述了中国书法虚实相间、欹正相依、呼应、向背、穿插等艺术神韵。传统书法艺术思想和表现手法融入到城市规划设计建设中，必将使中国风、中国气派的城市更加魅力无限。

当书法艺术植入城市空间，成为传递城市文明的手段时，城市便从这里获得了传统文化的形象与可感知的文化内涵，也进而表现出自身的文化气质。在此过程中，书法的存在生态也将发生各个方面的改变。书法的传播方式将从平面纸张到城市空间，其时空性将得以增强，表现力将借助城市新载体，从有限、微弱、短暂变为长久、强劲而持续。其呈现方式将从被动接受到主动呈现，从局部表现到整体呈现。呈现空间也将从封闭到开放，受众也从具备艺术底蕴的文人墨客到普通大众，而大众对书法艺术的接触频率也由少变多。

总之，从书法艺术发展困境、城市空间缺陷及跨界探索预期三方面分析，可以得出，通过跨界和转绎，使得书法能够借助城市的平台，在更大的城市空间中寻回书法自身固有的艺术价值、文化价值、社会价值，从而实现更好的发展，并逐渐使一种“书法—城市空间学”的理念初现轮廓。这不是幼稚的幻想，无论是理论性探索还是应用研究，都具有广泛的前景和推广价值。本项研究也许已经朦胧地显现出某种学科构想的痕迹，或可称之为“书法—城市空间学”。

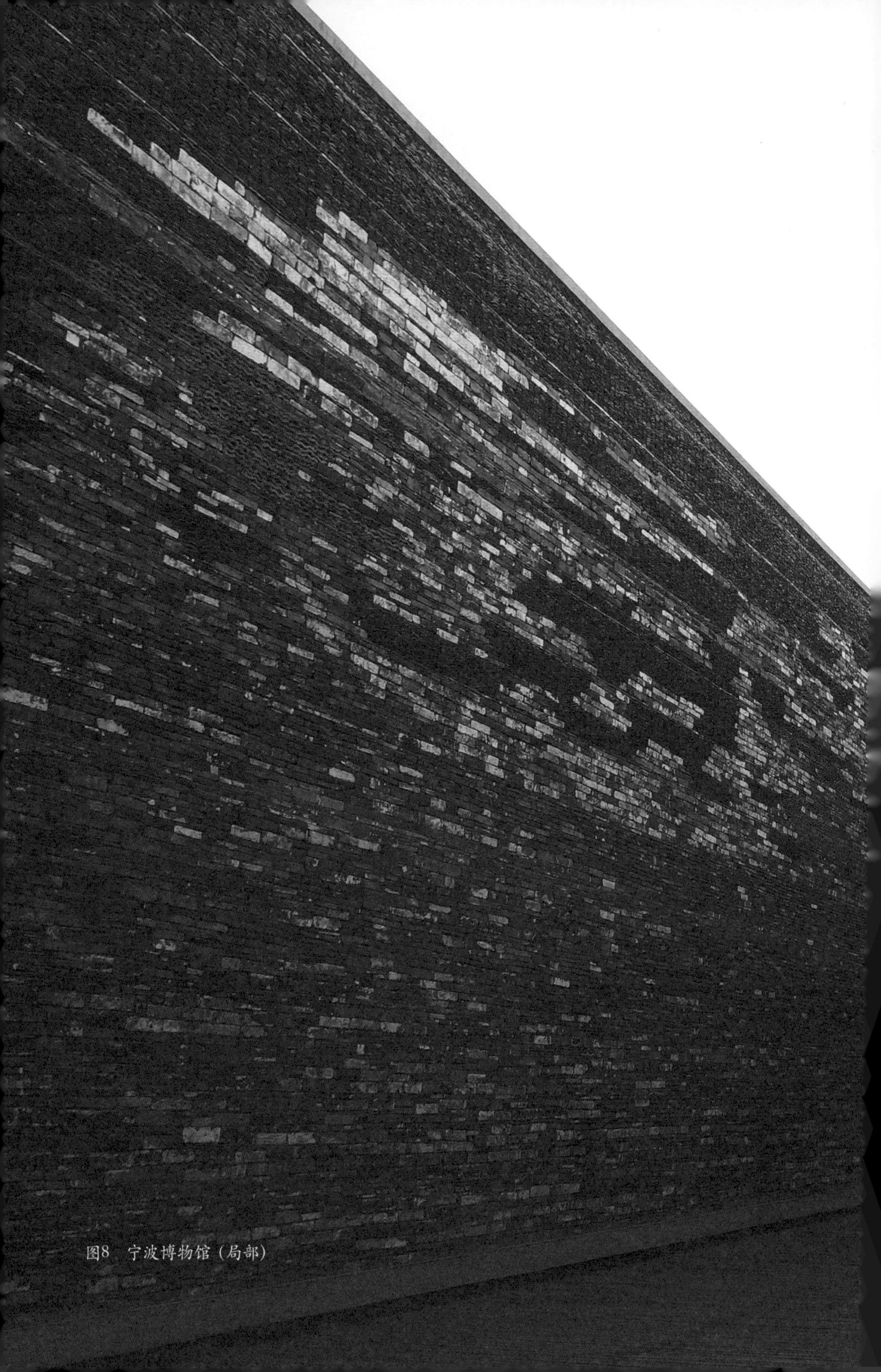

图8　宁波博物馆（局部）

【第三章】

互通：书法艺术与城市空间转绎的可能性

书法艺术发展的历史经验、城市发展的文化需要和现当代艺术跨界融合的趋势，成为两者之间实现转绎的可能性。书法发展与城市一路相携，其审美观、哲学观始终贯穿在城市的发展之中。书法与城市空间有着异曲同工之妙的哲学基础和审美情趣，在创作实践中相辅相成、相得益彰、彼此升华。

第一节　跨界潮流的引领

跨界发展、兼并异体以扩充自体，既是人类文明发展的趋势，也是当代文化的潮流所在。顺应这一潮流，我们就会走到正确的方向上。书法与城市空间转绎问题的提出，不仅出于历史经验，还基于当代学术文化以及艺术发展中跨界潮流提供的机遇。

一、现代学术的跨界

在古代，不存在学科门类的界限，古希腊哲学家既是自然科学家，又是人文学家、社会学家，甚至同时还是数学家和艺术家。直到文艺复兴，像达·芬奇、米开朗基罗这样博学多才的巨人还比比皆是。原因就是学科分类的思想还不发达。中国古代的思想家也是上知天文，下知地理，而且由于特别地受到“天人合一”思想的影响，根本未产生过学科分类的需要。《周易》、二十四史、《梦溪笔谈》、《闲情偶寄》等书，其内容上至宇宙世界，下至人类社会，可谓无所不容，无所不包。学科分类的思想出现于近代西方，它固然对人类文明的发展产生了不可估量的影响，把自然科学和人文科学带到了专业性发展的轨道。不过，过分的专业化也带来了片面化的弊端，尤其在人文学科领域逐渐暴露出缺陷，形成了某种片面独裁的知识霸权。从20世纪中期以来，随着后现代主义的兴起，人文学科领域的跨界融合又重新成为潮流。学者们不再把自己封闭在一个学科门类之中，而是跨越知识的疆界，对广泛的人类问题提出关注和展开研究。一大批后现代知识精英，如福柯、列斐伏尔、鲍德里亚、斯图亚特·霍尔、爱德华·索亚等等，他们的研究横跨哲学、社会学、政治学、美学、人类学、教育学、地理学等，我们除了用知识分子来定义他们，很难说他们是哪一个方面的专家，但却产生了影响整个世界学术的杰出思想。这种跨学科研究的学术潮流，为我们在书法与城市之间，寻求跨界研究的契合点，开拓了学术方向。

二、当代艺术的跨界

20世纪下半叶以来，现代艺术的深度发展，破除了艺术门类的界限，各门艺术获得跨界的发展。波普艺术采用达达主义的创作策略，大量运用现成品和挪用、拼贴的方法进行创作，开创了这一趋势，使艺术领域也发生了现代主义向后现代主义的转变。在视觉艺术各门类之间，视觉艺术与文学、音乐、表演艺术之间，界线日益模糊，各个艺术门类彼此渗透、相互结合，其结果，是装置艺术、大地艺术、行为艺术等众多综合艺术形态大量产生和流行。这些艺术形态被通称为“集成艺术”，而“集成”就是跨界的结果。这些艺术形态无法在传统艺术门类中被定义，但却成为当代艺术创作的主流。

随着艺术门类间的跨界成为普遍现象，跨界的趋势蔓延到精英艺术与大众艺术、审美艺术与实用艺术之间。从此，传统的“象牙塔艺术”被颠覆了，艺术自动放弃了精英的特权，加入大众文化行列，演变为表达通俗文化和流行文化的方式。在各类型艺术经由跨界而产生的广泛结合中，达达主义的那种选择即创作的观念发生了普遍的影响，在先锋艺术领域，艺术与非艺术的界线开始动摇，艺术与生活的界线开始模糊，博伊斯所谓的“人人都是艺术家”开始成为现实，由此构成当代艺术的基本图像。

三、环境艺术的跨界

当代艺术的跨界，最终产生了三个方向上的回归现象，第一是从作品回到观念，诞生了观念艺术；第二是从媒介物质回到身体，诞生了行为艺术或曰身体艺术，亦使身体美学应运而生；第三是从风景回到自然，产生了大地艺术或曰环境艺术。这三个方向汇聚起来，便是艺术向生活的回归，总体导致了生活美学的产生。

环境艺术的产生，既是艺术门类跨界的结果，也不能不说是现代生态观念的结果。环境艺术本来就是一种综合艺术。从观念基础来看，它是现代生态意识的产物，而生态意识，本来就是一种跨越人与自然之界而综合融成的观念；从学科基础来看，环境艺术综合了艺术学、人类学、生态学、环境学、城市学、心理学等多种学科门类；从艺术本身来说，它几乎有赖于所有艺术门类的跨界与综合。而书法与城市空间的跨界，正是要诞生一种基于生态观念的环境艺术，必然受到跨界潮流的引领。

书法艺术的跨学科性和宏观基础性的特点，造就了它具有跨界转绎的能力。笔者认为，书法艺术与城市空间规划两者的有机结合有其历史缘由和现实的需求，其内在的关联和文化的互通，为转绎提供了路径。通过二者转绎，不仅可以有效解决传统文化断层的遗憾，而且相互赋予了新的内涵。

第二节　文化观念的共享

书法艺术与城市空间可以实现文化观念的共享，两者之间有着共同的基础，就是国人对世界与自然的不同看法。中国文字的起源，就与山川大地河流有着思辨关系，并用象征抽象的方式表达出来。

一、共有的哲学基础

书法之象，取诸汉字，汉字表征着日月山川之形、宇宙万物之象；书法之意，源自书家的人生感悟、性格情操、思想感情和身心状态。清代梁巘在《评书帖》中说：“晋人尚韵，唐人尚法，宋人尚意，元明尚态。”但无论怎样，中国书法史上，各

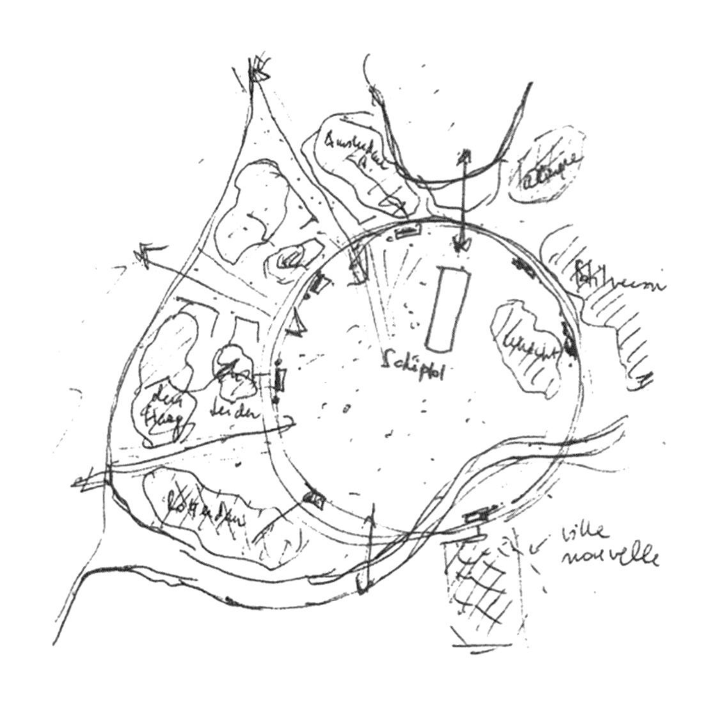

图9　路易吉·斯洛兹设计手稿

家各派所崇尚的根本，仍然在于“天人合一”。诚如金开诚所说：“阴阳五行思想指导孕育了书法艺术中无比丰富的艺术辩证法思想；天人相应思想决定了书法艺术重视天趣、崇尚真实自然；中和中庸思想决定了书法艺术以和为美；修身克己思想决定了书法艺术强调苦功真功，倡导书品与人品的统一。”[①]

书法和城市规划的哲学基础的相同点，都体现在传承“道法自然”的认识上。因此，在国内外，不同的城市，风貌和格局各具形态，对于自然的尊重是一脉相承的。瑞士建筑师路易吉·斯洛兹的“三角洲大都市，荷兰”研究，充分体现了城市规划中“边界”、“有、无”等哲学的审美空间处理，也和中国书法有着相互的呼应关系，可见，“书法的空间美里，早已流通着中国建筑精神，城市空间的美里，也蕴含着书法精神”[②]。(图9)

二、相通的美学规律

书法艺术与城市空间艺术既然都是造型艺术的一种，应都符合共同的美学规律。审美标准基于美感，而美感是美学的三个基本问题（美、美感、美的创造）之一。美感的直觉性、愉悦性和非功利性成为人的美感活动作为一种复杂而特殊的精神活动的特征。在书法和城市空间规划艺术中，遵循着审美感知、审美想象、审美理解等逐渐上升到由“形”到“意”的过程。例如，书法和城市空间中都体现

①金开诚．书法艺术论集[M]．北京：北京大学出版社，2008

②金学智．中国书法美学[M]．南京：江苏文艺出版社，1994．452

了节奏和韵律。著名美学家朱光潜先生在《诗论》中指出："艺术返照自然，节奏是一切艺术的灵魂。在造型艺术则为浓淡、疏密、阴阳、向背相配称，在诗、乐、诸时间艺术则为高低、长短、疾徐相呼应。"[①]

图10　上海里弄

书法作为造型艺术的一种，具有节奏的动态美。林语堂先生说"自然界的美是动态的美，而非静态的美"，"这种运动的美正是理解中国书法的钥匙。中国书法的美在动而不在静"，"一笔之所以是完美的，是因为它是速度和力量的象征"。[②]

①朱光潜．诗论[M]．生活．读书．新知三联书店，1987．124
②林语堂．中国人[M]．浙江：浙江人民出版社，1988．261

书法中的节奏感是体现书法时间与空间的美学规律的重要表征，从而在形式美原则上与其他艺术，如城市空间规划、建筑艺术具有了形而上的联系。例如书法里的墨继，一段一段的，像诗歌里的排列组合，有了节奏就会产生优美的旋律。如上海里弄与楷书的形态方正、笔画平直的特征极为相似。建筑的内天井与建筑本体以及弄堂空间形成虚实对比，与书法中的黑白关系也有异曲同工之妙。（图10）

三、同在的全局观念

中国传统文化中追求整体的和谐，强调局部与整体的统一，单纯与丰富的统一，有限与无限的统一，继承与创新的统一。清代邓石如称："字画疏处可使走马，密处不使透风，常计白以当黑，奇趣乃出。"一幅上乘的书法佳作，不在于繁复的笔画堆砌，而在于疏密相间,计白处可以走马观花,当黑处尽情泼墨。书法不仅仅是字词的合理布局，还要为题跋、印章等留有空白，使它组成一个整体；对于优秀的城市规划布局，不仅仅考虑当下的问题和解决方案，更应为未来城市增长空间提供可持续发展的余地。

谋篇布局是书法创作的关键。书法在谋篇布局上，注重因势就行，统筹协调。书法中单个字的美，不能视为全篇的精华；单行字的流畅，不能视为全篇的和谐。如果没有良好的谋篇布局，不能称之为好的书法。自古以来，书法家对此均极为重视，唐张怀瓘曾有云："夫书，第一用笔，第二识势，第三裹束。三者兼备，然后成书。”其中的识势就是指章法布局。

优秀的城市空间规划如同优秀的书法作品一样，一定是具有全局观念的。这种全局性，不仅仅表现在全面布局的观念，即城市发展的整体空间布局和未来可持续发展的平衡，还表现在城市战略布局上的前瞻性。生产区域与生活空间、工作场所与休憩区域、动态与静态，各种要素的布局是否矛盾冲突，都能够通过全局平衡体现出彼此的合理与和谐。

万物相同皆哲理，这种心怀万物诉诸笔端的能力便是书法的世界。书法家从来就是善于在纸上驰骋世界，笔墨与纸张的融会中，想象力奔走跳跃。也正因为如此，我从儿时便钟爱书法，在书法中可以感受到方寸之上奔走跳跃的乐趣。（图11）

图11　隈研吾设计手稿

四、共有的主体认同

人作为创作主体，是实现共识与观念的关键，故城市空间规划者、领导者、艺术家（包括书法家），必须具有综合的素质。以书法家为例，要具备书卷气，即文人气，这是一种综合的素质。历史上古今中外成功的艺术家，如《园冶》的作者计成既是画家又是造园家；陆游既是诗人又是书法家；国外的米开朗基罗，既是雕塑家又是建筑师；达·芬奇既是物理学家又是艺术家。这种看似不相关的技术和艺术门类，实质上具有某种内在的联系。

谷文达、吴山专、徐冰等回到汉字的本源而又否定其表义功能，他们回归汉字意味着对书法艺术的否定，然而紧接着，他们又否定了汉字的表义性，放大了其视觉性，这就意味着对书法艺术的重新肯定，他们依托汉文化，通过符号学的游戏，创立了具有中国文化风貌的观念艺术。所有这些实验都是颠覆性的，似乎想要斩断书法延续性创新的脉络。而我们似乎想要走得更远，因为我们要把书法放大到城市的尺度，用书法来规划城市，用城市来改变书法。就此而言，我们是颠覆性的。但由于我们不打算放弃书法的精神、中国传统文化的品质，所以我们的工作也仍然是延续性的。这意味着，我们不能颠覆书法的逻辑，也不能颠覆城市的逻辑，相反，我们着意寻求的，是两种逻辑的交集点，从而使它们有机地结和，生发出一种新的逻辑。这就是书法与城市跨界转绎的逻辑。

现在必须要达成的共识是，做一个中国特色的城市空间规划，或写一幅好的书法作品，作为主体的创作者应该要有综合素质。我们知道，形质次之，神采为上，气韵生动，是中国书法的最高境界。气韵生动，关键在“气”的营造，而“气”是靠人的综合素质得以体现。在当前，尤其应该重视城市空间规划建设的参与者，特别是规划师和管理者的艺术素养和综合素质的提高，在进一步强调专业化分工的同时，要提高人文素养等方面的综合培养和教育，使之既有专业上的“一技之长”，又能从各类优秀文化中“博采众长”。书法艺术从中可以找到机会。如果这样，无论对城市空间规划建设或书法艺术的传承都是一件幸事。

第三节　书法与城市的兼容

一、书法之于城市空间

中国书法作为中华文化的“精神纽带”，代表了传统文化的最高境界，集中体现了民族智慧与精神。书法具备了作为民族标志性艺术的四个公认必备条件。其一，书法作为世界唯一的书写艺术形式，其特色鲜明、个性突出；其二，书法伴随着文字的产生，历史悠久，迄今已经有三千多年；其三，书法体现了本民族的文化发展过程中的深厚积累与沉淀；其四，书法艺术形式所具有的巨大的发展潜力和艺术张力。

书法的“势、法、意”三者是一体的，是书法艺术的三个不同侧面。“势”强调书写内在的合理性、自然性，“法”强调人与工具之间的调控和运用关系，“意”突出人的思想性，决定书写所达到的效果；前二者是基础，后者是书写过程的升华，也是书法作品的灵魂所在。

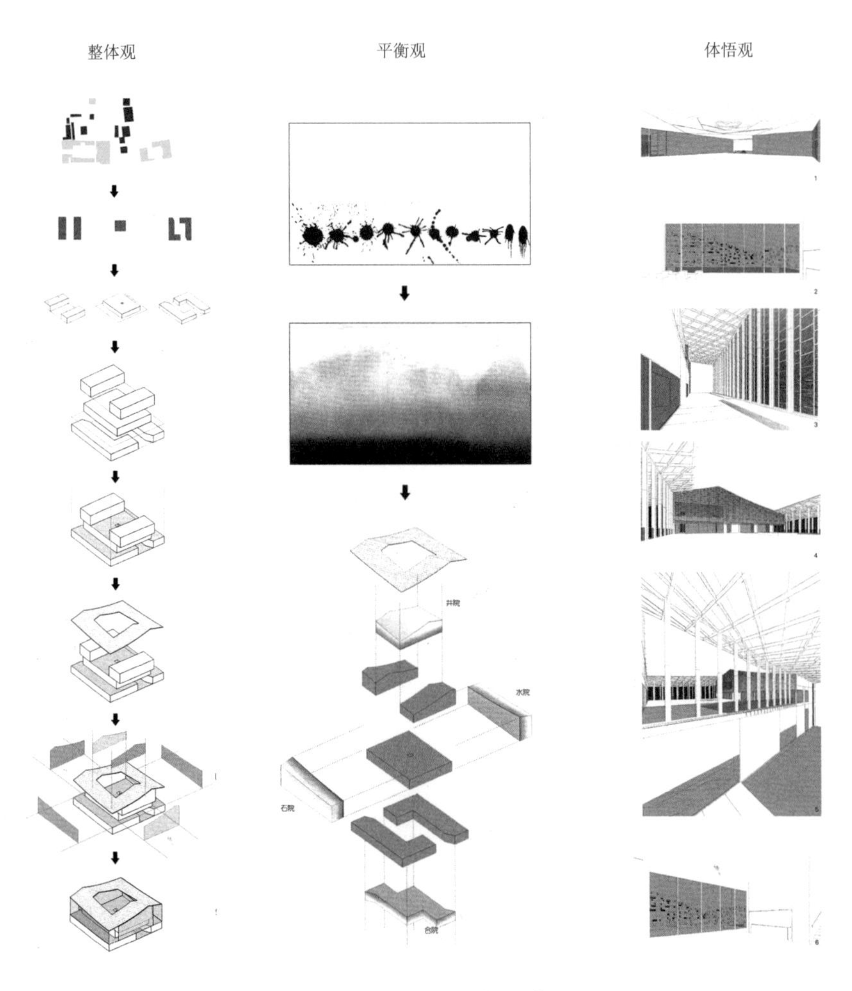

图12　书法与设计“三观”

书法艺术腾飞的两翼是想象力和创造力。无论是在形而上还是形而下、宏观或微观、文化个性等方面，书法的诸多艺术要素都可以作为城市空间营造过程中的重要借鉴对象。书法的表现形式是多样的，其各种要素，比如整体观、抽象性、生命力、形式美、线条美等，都可以为创造个性化的城市空间与城市意象提供启示，书法艺术要素一旦转绎成为城市空间、环境、文化的设计原则和方法时，就对城市的空间形象特征、光影与色彩、肌理、平衡与动势、空间的层次性以及文化环境发生作用，给城市的人们一种全新的传达形式，形成了具有中国文化神韵与意味的城市空间形象。

这种书法与城市空间的互动生态自古有之。如唐代的题壁，即为此类典型。唐代任华描写怀素初来长安后题壁表演的情景：狂僧前日动京华，朝骑王公大人马，暮宿王公大人家。谁不造素屏？谁不涂粉墙？粉壁摇晴光，素屏凝晓霜，待君挥洒兮不可弥忘。

书法不仅可以抽象出普遍适用于艺术族群的均衡、对称、对比等美学规律，而且可以抽象出特别适用于建筑与空间的美学规律来。欧阳询《三十六法》中的排叠、顶戴、向背、覆盖、撑拄、朝揖、回抱等等，就是这种特殊的、带有典型中式意境的空间美学组织规律。

这种空间美学组织方式在新落成的南通范曾艺术馆（图12）亦得以体现，该建筑布局汲取中国书法艺术之空间意境与精髓，在整体观、体悟观、平衡观形成极强的肌理感与节奏感，充满了逻辑的精确与严谨。构架以水院、石院、井院、合院为主体的立体院落，打造步移景异的体验特征；通过重构三层院落，从不同层面创作水墨的意境，方寸之物，内有乾坤，建筑成为水墨的载体，室内即室外，室外即室内，委婉穿插、阴阳互补、互相涵容。（图13）

图13　章明设计作品外景

二、城市空间之于书法

丰富多样的建筑与城市空间形式以及组织方式，对书法的创新发展也有重要启示。正如张海先生所讲：“书法是通过字形以立‘象’，而其取法的则是天地万物之‘理’。应当站在时代的高度，拓宽视野，打破作茧自缚的门户偏见，建立‘大书法’观，只要符合书法艺术基本特征，在书法艺术的‘底线’之内，都应该成为我们的关注对象。”①

中国书法引进建筑学术语早已有之。《佩文斋书画谱》卷七录宋赵孟坚《论书》：“书字当立间架墙壁，则不骫骳，思

①张海．时代呼唤中国书法经典大家．美术报．2008年7月19日

陵书法未尝不圆熟，要之于间架墙壁处不著工夫。此理可为识者道。”倪涛《六艺之一录》：“亦有间架，须是明净，不要乱笔，多丝缠绕。”还说：“亦有墙壁间架，须要明净。”……都体现了书法美和建筑美的异质同构。到了现代，宗白华先生也指出：“一笔而具八法，形成一字，一字就像一座建筑，有栋梁椽柱，有间架结构。”

对于书法创新发展而言，城市空间语言、空间肌理以及城市色彩这些城市空间客体对象为其的发展提供了丰富而又生动的借鉴对象。

城市空间语言，比如图式化、方向性、连续性、形式感（包括形体、色彩、质感的组织与安排，如体的尺度、面的比例、透视的夸张与校正、色调的协调与互补；序列组合中的闭敞、对比、韵律、穿插、交替等）、秩序感、式样、图案、格局等，都可作为书法之典范、模式、图式的借鉴，表现书法构成形式某种独特的内在特征。

城市空间肌理则是指空间中由于运用材料的不同配置、组成、构造而得到触觉、触感，引发视觉的质感，可分为视觉肌理和触觉肌理，能够看到的为视觉肌理，能够触摸到的是触觉肌理。比如，触摸粗糙的岩石的质感体现出它的力量和永恒；又如，空间的连续性，室内室外的光与影的变化和图案的穿插交替等等，都可以产生第四空间——时间性。城市色彩在城市空间和建筑运用当中，能够把建筑或小品隐藏在城市环境中，从而加强或减弱人们对客体的高低、长短的感觉。书法是体现黑白、玄无的艺术，墨分五色，通过加强对墨色的修炼，能够大大加强书法所体现的朦胧美、意境美以及虚实相间的空间美。

除这些城市空间客体外，诸多城市空间的研究理论也同样可以对书法发展提供借鉴。比如城市意象理论、“连接”理论、“图—底”理论、“场域”理论和解构主义理论等等。其中，城市意象理论对书法的整体风格、布局、气貌等均产生影响；而“连接”理论、“图—底”理论和“场域”理论也可分别与书法艺术表现形式中的点线、结体和章法产生对应；从视觉艺术的角度看，中国书法与西方解构主义两者之间也存在着异质同构的部分。随着信息化和互联网时代的到来，中西文化相互借鉴、相互促进的理念已被广泛应用，中西城市空间规划设计的交流互补受到广泛重视，近代西方城市理论不断被吸收引进，不仅对中国城市规划设计产生了重大影响，对其他学科也具有较大借鉴意义。对于中国书法的理论和实践的影响也不例外，为书法的创新提供了新的视角。城市的设计与建筑是多种艺术的综合，尤其是大量吸收现代工程技术与时尚流行要素。

三、城市空间和书法艺术的“文法、句法”的互绎

梁思成认为，中国建筑制定了自己特有的“文法”，比如斗、拱、梁、枋、椽、檩、楹柱、棂窗等，还包括着砖石、墙壁、屋瓦等方面，即为主要的建筑词汇。在城市空间和总体平面布局处理上，无论是住宅、寺院、宫廷、作坊，都是由若干主要建筑物，如堂、厅，加以附属物，如厢、廊、门、墙等绕联而成，或若干相连的院落。[①]

城市同样具有自身的“文法”和“句法”。城市的单体建筑和建筑群，通过一定的秩序有机组合，形成局部空间区域；不同的区域又以错落有致的规律，形成一座城市。一个上乘的城市空间规划布局，往往通过科学规划设计的制定，由整体到局部，通过有序的城市道路和合理公共空间的组织，产生城市空间的韵律美和节奏感；也能通过优秀的建筑群体设计，由局部到整体，创造出符合主观感知的城市空间布局的韵律美和节奏感，形成自身“文法”和“句法”。

中国书法亦有自己的“文法”和“句法”，文法如点画、撇捺、结字，句法如墨段、组合、布白、空间分割等等，一幅优秀的书法作品，就是字与字的组合，句与句的空间分割，内在的排列组合、整体感，使整幅作品充满着意和气。这是二者得以转化演绎的主要依据。

书法与城市空间规划在构思设计和表达的路径上具有很强的相似性。即书法和城市空间形式构成要素在本质上有许多相似点，这为两者之间的互通转绎，在基因上提供了依据。（表1）

清代周星莲说：“以书法透入于画，而画无不妙；以画法参入于书，而书无不神。”故曰：“善书者必善画，善画者亦必

①梁思成．大拙至美[M]．北京：中国青年出版社，2007．91

善书。”[①]同理，如果书法艺术的精神植入到城市空间，城市将具有更多的民族个性和意象，一定更加绚丽多彩。正如沈尹默所讲：“无声而具音乐之和谐，无色而具图画之灿烂。”

综上所述，无论是书法文化、建筑文化和城市文化，都处于整个社会文化的大系统中，相互交织、相互纠结，形成一个文化“场”，显示出特定时空语境下的总体文化特质。城市空间作为人类文化空间的场所，和其他艺术一样，有自己的文法和句法，书法作为中国特有的文化现象亦然。各自具有自身的特点。而艺术终究是互通的，通过转绎的方式、跨界的手法，可以使各自的问题得以解决，发展得以延续。

表1：城市空间与书法艺术的创作理念比照表

		城市设计	书法创作
理念	理性部分	可以传授和学习的，可预测、可丈量等	可继承、可传授、可学习、可借鉴、可临摹、可丈量、可欣赏等
		标准、技术、原则、形状、体系、色彩、体积、质感、尺度等	原则、标准、字体、形状、质感、墨色、技巧、尺度等
	感性部分	不同习惯、个性产生不同的品位	不同的时期、不同的书体产生不同的风格
		文化素质、审美、艺术修养、个人风格、妙悟、想象等	文化程度、审美、修养、个性风格、感知、感悟等

①清·周星莲．临池管见．历代书法论文选．上海：上海书画出版社，1979．717-730

【第四章】

突破：书法艺术与城市空间转绎的路径

把书法艺术放到城市空间中来考虑，不仅意味着将书法作为城市建筑、城市景观的装饰元素，还深刻理解“空间”转绎的性质以及城市空间作为人居环境的性质，将书法当成城市空间的生产方式来对待。所以我们首先必须形成共识，其次是理解书法在城市空间中的转变，然后从书法和城市空间各自的路径，来探讨它们相互转绎的具体路径，从而实现共赢。

第一节　把握转绎路径大门的金钥匙

实现书法艺术和城市空间跨界转绎的路径，首要的就是转变观念，形成共识。而观念的转变，要求具有创新发展的意识，书随当代，不能保守、封闭不前。

一、跨界——冲破传统观念的藩篱

跨界研究根据视角不同，可分为方法交叉、理论借鉴、问题拉动、文化交融四个大的层次。其中，方法交叉常发生在各门类、学科之间，每一个方面和环节都包含着丰富细致的内容，它包括方法比较、移植、辐射、聚合等形式。理论借鉴常表现为新兴学科向已经成熟学科的借鉴和靠近，或成熟学科向新兴学科的渗透与扩张，是知识层次的互动。问题拉动是一种以较大的问题为中心所展开的多元综合过程，它既有纯粹为研究客观现象而实现的多领域综合，也有探讨重大理论问题而实现的多学科综合，更有为解决重大现实疑难而实现的各个方面的综合。文化交融是不同艺术品类所依托的文化背景之间的互相渗透与融合，这种文化融合并不是单独的过程，因为艺术间的任何互动都会有文化的因素参与其中，但事实上，真正的文化交融是一个更深更广的过程，是跨界研究的终极目标。

随着科技的发展，当今的艺术不再是单纯的一个形式，它不断向更多的领域延伸、拓展和重组，也借助不同的形式和媒介丰富着自己，这就要求艺术家要以敏锐的视角进行观察和创作，在提升作品创造性价值的同时，丰富作品的表达内涵，也为艺术创作的多样性呈现提供多种表达途径。总之，跨界为艺术的创作实践注入新的活力，激发了艺术家的创作热情。

跨界研究的主要意义是要通过整合并超越以往分门别类的研究方法，对问题实现整合的研究。“早年我在做建筑师时，不只是关注建筑的结构，甚至会设想房间墙纸的颜色。我体会到，音乐、建筑、绘画等等都只是设计的一个方面，只有把这些方面都掌握好，才能让自己的手能够握成一个拳头，让自己的设计具有力量。”这是杉浦康平在阐述他设计灵感来源时所说的，从中我们也可以深深品味跨界的作用。同时，跨界对于网状的知识结构的要求越来越高、越来越丰富，而且跨界的跨度越大，合作成果越大，所催生新事物的生命力和竞争力就越强，但如果是直线思维，知识结构就会单一。

跨界是艺术发展的必然，也是艺术品质提升的必由之路。艺术发展需要补充其他领域的营养，跨界是“思想的呼吸”，同时也是时代与人的共同需要。

探究跨界现象的发生，可以发现跨界发生的根本原因在于，当单独的一种文化符号还无法解释一种生活方式或重现一种综合消费体验时，我们就可能需要两种或两种以上的文化符号结合起来对其进行诠释和再现。艺术跨界的发展使不同层级、不同领域的艺术文化相互诠释、相互映衬，实现了从平面到立体、由表层进入纵深、从被动接受转为主动认可，由视觉、听觉的实践体验到联想的转变，真正做到了创作者、受众者及市场的三者融合。

书法的“跨界”是当今中国书法的发展趋势。诸多跨界的探索丰富了书法的形式与内容。书法艺术采取比较与综合的方法，拓展同建筑、城市空间规划、灯光艺术的相互关系等，极大地丰富了中国当代书法的表现形式；而通过这些拓展的表现形式，书法也得以表达更多的内容，从而更好地和时代结合在一起。对于书法艺术和城市空间跨界转绎，通过传统文化和现代文化的积极碰撞，产生一种全新的和更有生命力的文化，开辟共生共长的空间。最终，因为有了书法精神的指导、书法形式的参与，让城市更有魅力、更有韵味、更有文化、更有特色，而书法也因为走出了其原本发展的封闭道路，实行了跨界——与城市结合，站在了巨人的肩膀上，驶入了时代的快车道，书法就不会像花朵一样凋谢、飘零，其生命之树可望常青。如（图14）所示，书法传统元素在服装设计中的运用，展现了浓烈的东方色彩，传统元素与现代设计在这里激情碰撞，巧妙完美结合，把中国的传统文化推向世界舞台。

图14　服装设计与书法元素

二、挖掘——开发书法艺术的金矿

黑格尔把建筑视为“象征型艺术”的典型形式，这就是说，建筑以物化的形式象征了产生其所在时代的文化。美国20世纪美学家苏珊·朗格把艺术定义为“人类情感的符号形式的创造”[①]。两者比照，我们就能理解到空间构造与书法艺术

①[美]苏珊·朗格．情感与形式[M]．刘大基、傅志强、周发祥译．北京：中国社会科学出版社，1986

相通的性质。而这一点，在书法艺术那里，已能给出完满的答案。书法是线条的舞蹈，把线条作为一种传导生命律动的“语言”，通过线条对空间的分割，通过线条自身的速疾顿挫，通过墨分五彩的变幻，符号化地表现出书法家对自然和历史的感悟，对社会和人生的体验。在这个意义上，书法跟建筑、跟城市的空间与物态一样，同样是象征的艺术，是人类情感的符号形式，它表达了情感，象征了生命，并喷发出中国文化自主的能量。当城市空间规划借取了书法的形式，也将自然地分享到书法象征中国文化传统的能量。

从内部环境来看，对书法的文化价值、审美价值等挖掘不够，发展意识和理念落后封闭，开放性不够。从外部环境来看，受西方观念的冲击，对传统文化的继承和创新不够，“崇洋媚外”，觉得“外国的月亮比中国圆”，一味的西化，照搬照抄西方模式和理念，往往强调世界眼光有余，忽视对民族风情的传承和保留。具体表现为：1.对书法艺术不断创新的艺术特质认识不够。其实创新是书法艺术不断发展的动力和源泉，也是其一贯的品质。2.对书法实用与艺术的本质区别认识不够。艺术的起源来之于实用，成长于不同的技艺功能与用途。艺术与实用品的差别仅在于：前者以“美”为上，后者以“用”为限。艺术的创造必须是主观能动性很强的有强烈自我意识的创造活动，是以实用为目的还是以审美为目的则成为艺术是否形成的标志。书法作为中国特有的艺术形式，应该把握好一般的艺术规律，区别写字与书法的标准要求。3.书法艺术的价值开发不够。书法不仅仅具有实用、艺术价值，还具有教化功能、文化价值，是一座用之不竭的金矿。如果我们放开手脚，全方位挖掘开发书法艺术中的“金矿”，这也许将为书法界打开另一个艺术窗口，使其从封闭走向开放。由此，我们有理由去发掘其更加深层次的价值，这也许是传承扩大书法艺术影响力、创造力的新路径。

三、构建——认同的评价体系

当代人在审美上存在的多元性和差异性，将书法艺术置于一个众说纷纭的境地。书法具有哪些重要的价值，什么样的书法才是好书法，书法究竟在当代处于怎样的地位等问题，确实难下断语。为取得人们在书法艺术价值取向上的一致性，建立科学、统一、规范的书法艺术评判体系、审美标准，形成全社会对书法艺术地位的广泛认同，既是书法的发展需要，更是时代发展的需要。

标准和评价体系是社会性的准则，建立的评价体系和评价标准，在社会上应该取得广泛认可，这种认同和肯定，不应仅仅是参与其中的书家的认同，更应该是普通大众的自觉认识。文化的普及关键在观众，唯有越来越多的普通大众的素质提高，才能真正地保障社会的文明、和谐及进步。这或许也是文化“化”人的终极目标。让更多的公众接近艺术、接受艺术的熏陶，利用自身的硬件和软件，让我们所在社区和生活的城市更为强大应是我们一贯的追求。

艺术演变、发展的自身规律是内在矛盾的转化和出新。学术、教育是文化传承、创新的根本途径。因此，在书法艺术跨界创新的举措上，主要应借助教育、培训、学术研究、展示推广等渠道，以期建立书法文化功能品评标准，形成主流的文化价值观。马克思说：“对于不懂音乐的耳朵，最美的音乐也没有意义。”可见，欣赏不是一个消极的接受，而是一个复杂的心理过程，包含着感觉、知觉、情感、联想、各种的心理因素的共同作用。所以必须调动欣赏主体的大量的文化知识、实践经验的积淀，以及他对审美的价值和趣味认同。这需要审美的主体培养一个会听音乐的耳朵。

通过美育教育，可培养人们认识美、感受美、欣赏美、体验美和创造美的能力，从而使人们具有美的素养、美的情操、美的品格和美的理想。学界泰斗、人世楷模蔡元培先生曾提出“以美育代宗教”，强调美育是一种重要的世界观教育，足见其重要性。通过美育，用以人为本和生活情趣唤回书法与生活密不可分的美好，让书法在世俗生活中焕发精神的异彩，深思书法的形式与跨界应用、内容与空间、意境与环境、书法本体价值与社会价值等关系，是书法在生活的土壤里不断发展生命力的关键所在。

美学家叶朗先生说：“美育的根本目的是使人去追求人性的完满，学会体验人生，使自己感受到一个有意味的、有情趣的人生……从而使自己的精神境界得到升华。”[①]人的精神升华及对“美”的感受的提升过程，体现为从外表的“美观”，到由衷的“美感”，再到永不懈怠的“美化”。为实现这一目标，需要时刻进行人的自我美育，提高人的思想品德。比如，书法的美育，要将书法创作作为调节身心、增加修养的一种方法，使书法教化于人。正如刘恒所说：“（书法）艺术要想大众认知，首先是在中小学开设书法课程，其次是面向社会多开展书法培训、展览等相关活动，唤起大众对传统艺术的觉醒。”[②]

对于城市而言，无论是城市的规划师、建筑师还是管理者，应该努力做到“知识要广博，要有哲学家的头脑、社会学家的眼光、工程师的精确与实践、心理学家的敏感、文学家的洞察力……但最本质的他应当是一个有文化修养的综合艺术家”[③]。黄宗贤曾谈道：“艺术感觉是天生的，存在于天性之中，只不过很多人无意识地把这个天性遮蔽了。”[④]

随着审美的大众化和生活化，城市美学和我们的生活已经密不可分。城市的良好形象作为城市美的最直接反映，如何让自己生活的城市更加美丽，正越来越成为公众关注的焦点和话题。作为城市主体的居民，都应积极参与到城市的美育中，

---

①叶朗．美学原理[M]．北京：北京大学出版社，2009．406

②刘恒．让文化品牌成为儋州发展的强大引擎．http://www.hi.chinanews.com/hnnew/2013-10-22/4_20699.html

③梁思成．大拙至美[M]．北京：中国青年出版社，2007．14

④黄宗贤．艺术是什么？http://www.360doc.com/userhome/22156044

因为其对待生活的态度、审美的意识和情感，将通过城市的形象来折射和反映。对于快速富起来的当代中国而言，实现整个文化的复兴和城市的宜居，有赖于城市的美育，提升人们的文化的素养，培养高尚的审美的情趣，才能使这个城市充满着创意，流淌着艺术。

第二节　寻找融合统一的最佳结合点

书法艺术与城市空间的转绎的首要路径，是要面对书法当下发展的困境，实现其从传统存在方式到现代存在方式的转变。但这种转变并不意味着对书法传统存在方式的否定，故应整体地理解为传统与现代的统一。由此，产生出书法在城市空间中必须被促成的“五个统一”。

一、中国意识与国际视野的统一

越是民族的越是世界的。研究书法艺术，既要从中华优秀传统文化中挖掘精华，以中国上千年文明的连续传统为纵向维度，体现中国意识；也要以世界格局及其与中国的互动关系为横向维度，运用国际的视野，引进西方的新方法、新理念，以此来解决我们的书法艺术乃至美学和文学艺术的现实问题和历史问题，做到“以西释中、中西融合”，切不可“非此即彼”。所谓“以西释中”，就是用西方所学到的新方法和新理论、新观念，阐释、评论书法艺术固有的范式。比如，王国维运用西方美学的新观念、新方法，紧密结合当时中国文学艺术的实际进行研究、发挥和批评，使之成为中国现代美学思想的新开篇。他对中国古代审美范畴如古雅、意境、嗜好、眩惑等的现代诠释，对西方的美学范畴如优美、崇高、悲剧、滑稽等加以中国化，做到了相互借鉴、创新互通，不仅使自己成为一代大家，也促进了中西方艺术的融合发展。[①]

鸟巢是2008年北京奥运会的主体育场，由2001年普利茨克奖获得者赫尔佐格、德梅隆与中国建筑师合作完成。鸟巢具有震撼力的造型成为奥林匹克公园中央轴线上一颗璀璨的明珠。鸟巢的设计不仅体现了建筑艺术美学，并且继承了中国传统的文化，借鉴了传统古建筑的菱花隔断和冰花纹瓷器的纹案。传统的镂空手法、陶瓷图案和中国红等中国元素都被融入建筑中。西方的建筑师运用西方的美学理念和方法与中国传统文化紧密结合，让中国意识与国际视野在这里统一，向世界展示中国文化的魅力。

二、技术理性与艺术感性的统一

艺术与技术总是携手并进，技术孕育艺术，艺术在技术中生长。书法中的技术与艺术，体现了书法理性与感性的两个方面，二者相辅相成，无法割裂，有机结合，完美统一。过于理性会刻板，过于感性会散乱。艺术创作不是仅凭技术能够解决的，它是智慧、才能对技术的选择与控制，这也正是艺术家与工匠的区别

①聂振斌．中国艺术精神的现代转化[M]．北京：北京大学出版社，241-259

所在。而对纯技术性的追求，也必定会逐步淡化书法创作中的感情投入，使其失去生气、灵气、神气，甚至失去以情动人的艺术魅力。书法抽象的理论要求书家要“托物言志”，寄情于笔画之中，对理性的把握，要有充分的认识与领悟，并在此基础上得以感性的升华、意蕴的产生、风格的形成。从理论上来说，从技术到艺术是一个飞跃：一个由技而道即由形而下向形而上的飞跃。

书法创作的手法在城市空间规划中的应用能避免当前城市空间规划中重理性缺感性的现象，做到理性和感性的统一。中国书法的美学原则恰恰是目前城市空间规划所缺失的，若在规划中能得到正确的运用，再加上现代技术和理论的支撑，一定会使城市空间变得更有韵味、更有节奏、更加和谐、更加时尚美丽、更具文化魅力。

图15　瘦金体和广州“小蛮腰”

广州塔因其独特的造型被戏称为“小蛮腰”。“小蛮腰”具有结构超高、造型奇特、形体复杂、用钢量最多的特点。作为目前世界上建筑物腰身最细和施工难度最大的建筑，它创造了一系列建筑上的

“世界之最”。正如书法中强调理性与感性的相辅相成一样，广州塔不仅采用了当代最优秀工程设计和最新施工技术克服技术上的难度，同时兼顾建筑的艺术性，犹如书法作品流动的线条、优美的节奏韵律，展现了广州这座大城的雄心壮志和磅礴风采。（图15）

三、精英与大众的统一

一方面是“精英团队”，即从事书法创作研究或看得懂书法、对书法艺术有追求的人；另一方面是“大众群体”，看不懂书法，觉得它可有可无，对其视而不见、听而不闻。这种状况不利于书法艺术的健康发展。书法艺术应与大众需求结合，不能局限于局部群体或者“精英人士”的相互交流，而是必须走向大众群体，去研究大众的审美取向以及当代的实际需求。孤芳自赏不是个性的体现，而对大众需求的研究也是对于共性的把握。个性与共性二者对立统一的结合，书法艺术和大众需求的有机结合，是书法艺术在当前时代走出更宽阔道路、拥有更广阔前景的必由路径。

日本有位著名设计师，他的设计理念是“化大众到大众化”。所谓的“化大众”，就是把大众的东西归纳起来成为我的（设计）精神，反过来老百姓又能看得懂，作品也能得到普及，即专业的东西用生活术语来表达。中间桥梁就是把大众和专家之间的鸿沟填起来、把传统和现代结合起来，其最终目标是使艺术与生活紧密结合，这样艺术之树就能常青，书法艺术的普及发展可资借鉴。

通过将书法艺术与城市空间构成相融合，使书法从二维的平面向三维空间发展，就能让越来越多的大众都能感受书法，领略书法的魅力。

四、城市空间与文化空间的统一

由于现代人对书法艺术的需求，书法艺术正走出室内，走向城市，走向更大的空间，实现由单纯文化空间向城市空间的拓展。书法积极与规划、建筑、城市空间环境和城市雕塑、舞蹈、音乐、绿化、灯光等“姐妹”文化结缘，实现空间载体的拓展以及联动，也使书法功能、表现形式、材料运用和艺术价值得到极大的发挥，书法艺术则有了新的发展空间，也就具有更强大的生命力。通过书法这一纽带，使得文化与生活在城市里的人们经常联动，并逐渐将了解、学习、继承和发扬传统文化精粹视作一种习惯，让城市文化和城市生活更具魅力，从而形成充满书香意味的城市文化空间。

金茂大厦位于上海浦东新区黄浦江畔的陆家嘴金融贸易区，其主要设计人SOM公司的阿德兰·史密斯在谈到自己构思时说道：“我在研究中国建筑风格的时候，注意到了造型美观的中国塔。高层建筑源于塔，中国的塔又源自印度，但融入了中国文化和艺术之后，中国的塔比印度塔更美。我试着按比例设计新塔。金茂大厦不宜简单地被划为现代派或后现代派，它吸收了中国建筑风格的文脉。”阿德兰·史密斯以中国塔为载体进行构思，追求建筑技术与建筑艺术的完美统一，城市空间正是通过与文化空间的融合使城市充满文化韵味。

五、单一向度与多元跨界的统一

书法艺术发展到今天，其功能单一化的表现越来越突出，似乎仅存艺术价值。事实证明，功能单一化的传统文化，其生命力往往容易在历史发展的长河中走向没落与消失。当代人不能等到书法艺术没落或者即将消亡时才想到保护和弘扬，应该化被动为主动，使书法艺术由“单一功能”向“多元复合”发展。在挖掘书法艺术价值的同时，因地制宜，大力推广书法艺术的经济价值、文化价值、产业价值、旅游价值等。在运用常见的“二维”书法艺术文化点缀的基础上，多元跨界，融入城市空间。人们在自然感受中得到书法艺术的熏陶，书法艺术在融入城市建设中实现传承和发展。

上海新天地作为上海新的地标之一，是世界与本土的融合，是上海回顾过去和展望未来的窗口。上海新天地传承了石库门的历史文化，让本已将要成为历史的石库门焕发了青春，还原弄堂昔日的风光韵味，也保留了人们对故乡的情怀和对历史文化的追求，就像新天地的广告语：“昨天是今天的历史，明天是今天的创造。”

前面列举的主要是一些经典的成功的案例，当然也存在着许多失败的案例，从“孔方兄”到“秋裤门”“大裤衩”“福禄寿”“马桶盖”，近年来，涌现出许多奇奇怪怪的建筑（图

16）。这些建筑有的过多追求形式，热衷于“为艺术而艺术”，不注重与中国文化的结合；有的建筑崇洋媚外，全盘西化，丧失了中国特色和地域特色。因此，现代艺术与传统文化都应作为设计者考虑的重要元素，注重文化的传承，多元跨界为打造既时尚、现代又具有传统特色的建筑与城市创造条件。

图16 “仿白宫”“孔方兄”和“福禄寿”建筑

第三节　从书法艺术到城市空间

倘若将书法精神作为指导城市空间规划和建设的理论，从书法蕴含的美学原理、美学规律、美学构形出发，通过将书法文化基因植入城市空间规划，可为城市回归民族韵味、解决“千城一面”、城市文化缺失、地域不明等问题找到出路和方法，为城市的规划建设注入新的思想和活力，为打造具有中国风、中国韵味的城市找到有效路径。

一、从书法的点线到城市边界

城市的边缘，是指城市中物象的实体的轮廓，在城市的平面布局和立体空间中以线的形式体现出来。它们构成了城市的点线。例如城市道路、桥梁、建筑以及区域之间的分割等等。

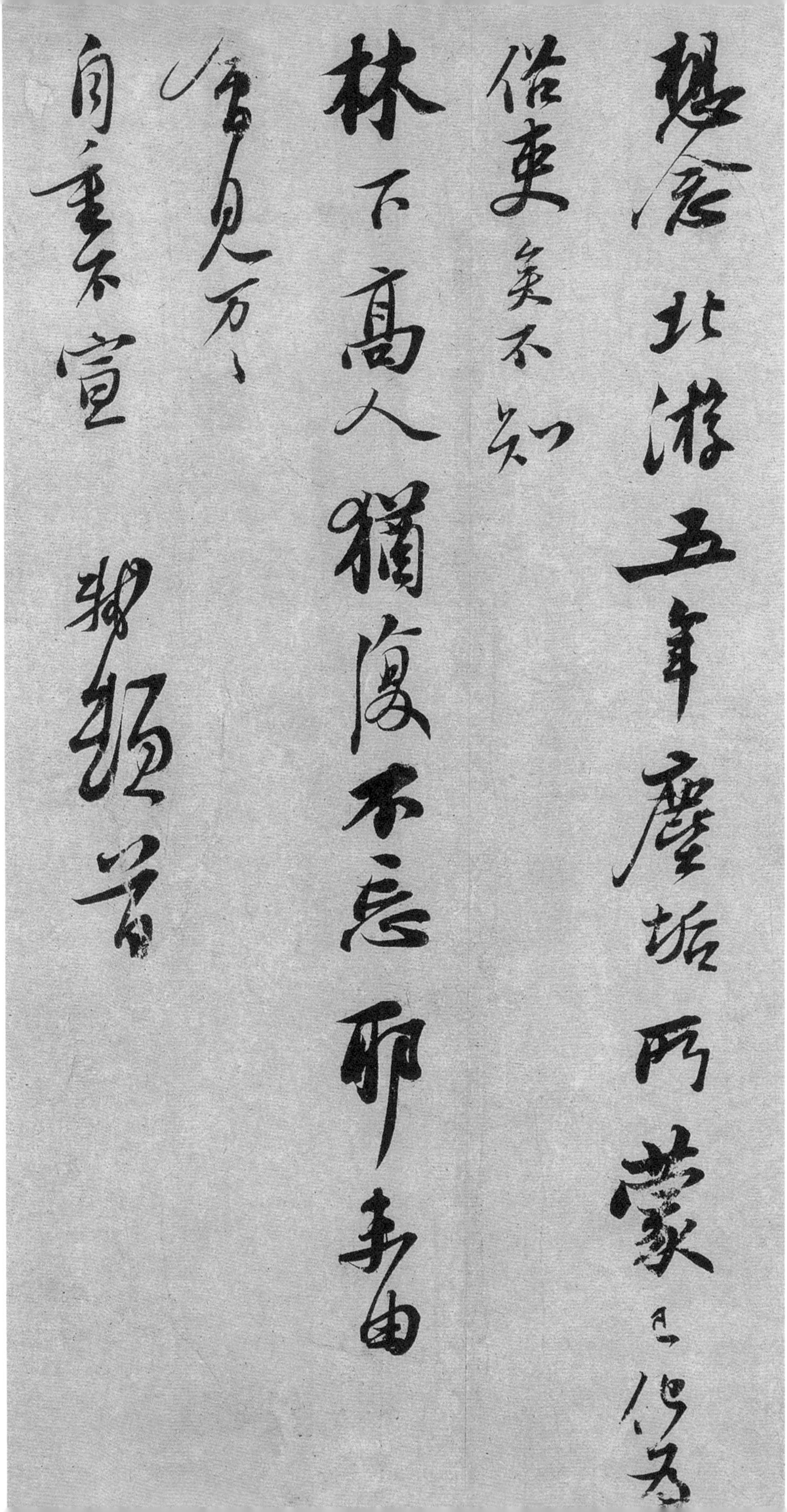

图17
苏轼《北游

而最典型的便是建筑对城市空间的分割。其中建筑的轮廓线是这些点线中最引人注目因而最能构成城市表现力的部分。轮廓的美是在建筑各部分构件的高低、大小、长宽的相互关系比例都适宜和恰当之后才产生的，是人们对于建筑形状的最初的整体感觉。因为一般的视线移动和观察方式，是由远而近的，也正是从一定距离之外，才能真正地把握建筑的整体轮廓和其三度空间的完整体量。

构成书法“形体”的基础是书法中的线条。从“形”这一层面来看，建筑和书法有着千丝万缕的联系，可以说自文字产生以来就已经存在了。中国文字起源于“象形”，随着中国文化的发展而出现，至少有三千年的历史。而建筑肯定比文字产生得更早，因为创造文字的人类肯定早已在原始的房屋里生活了。当初的文字也只是一种“图画”，记录了当时的各种具体事物，所以，文字本身就将当时的“建筑”情况，它的外形、结构、内容“记录”了下来。因此，中国建筑发展史的第一序章是由中国文字本身所写成。

线条与边缘是书法与建筑的物质媒介。如果说线条是书法的语言，那么边缘就是建筑的语言。建筑只有在边缘处理到位后，空间才能显示出美感，书法亦是如此。

如图17所示，书法家通过留白使得作品虚实相间、疏密得当，体现出整体的和谐美。在城市中，同样呼唤着“白”的存在。

（图18）这些“白”是城市中的不可或缺的部分，是城市品质的表现，是城市建筑和空间图底关系的重要组成部分。（图19）

二、从书法的结字到城市构架

城市作为书法呈现的载体，从形而下方面看，就是将书法的元素植入城市，用书法语言来形塑城市。书法中的结字和城市空间规划中的单体区域及其组织有对应关系，在这种种书法的结构性语言中，我们首先遇到的将是结字。

在书法中，结字指一个字的空间构成，结字形成书法空间的整体构成形式。结字不可能单独存在，城市中的建筑也不可能单独存在，需要与城市中的其他物象发生呼应。在这一点上，书法中容纳的体积和空间处理也与城市所容纳的体量和空间是相通的。（图20）

多样统一、和谐均衡，是书法结字中最基本的美学原则。统

图18　美国中央公园

图19　敦煌月牙泉

一必须是多种成分的有组织的统一，和谐有赖于各部分的均衡。均衡可以是对称的均衡，也可以是不对称的均衡。但对称的均衡只能是均衡的低级形式，相对而言，不对称的均衡更加高级，能够得到更丰富的美感。在书法艺术中，除了楷书在一定程度上追求对称的均衡外，其他各类型书体，都呈现出不对称的均衡。即便如此，楷书也常常通过章法布局的出位，来化解其对称性。例如落款和主体书写内容之间，便依靠参差排列，形成不对称关系，以破解对称性的呆板。如图21，这是西扎在韩国也是在东方的首个作品。对于西方建筑师来说，东方文化的解读往往最先来自东方文字。西扎依然使建筑蕴含着丰富而又优雅的力量。曲直对比灵动的水平屋际线，只是表面特征；总平面上轻松的一个“弯折”，正是书法与建筑空间的“转绎”，而其密码则是“旷”与“奥”。这是书法与空间表达出的共同信息。

图20　书法与建筑空间图（局部）

图21　阿尔瓦罗·西扎设计作品

三、从书法的章法到城市整体布局

章法，其意思是指文章的组织结构。在书法中，章法是指安排布置整幅作品中，字与字、行与行之间呼应关系的方法。书法的魅力就是在章法中表现出来的，章法安排得好，就能使书法作品气韵生动，神采飞扬，反之状如算子，形如僵尸。章法中的余白十分重要，书法创作和城市规划往往忽视了。其实，唯有余白才能给城市留有发展的空间，余白才能使城市有审美的价值。在书法家眼中，对于余白的认识，都表现得十分重视，正如刘熙载《艺概》说：“古人草书，空白少而神远，空白多而神密。”而城市的规划整体布局也是对城市地理空间的分割、排列、组合，与书法章法的排序手法如出一辙，而城市的文化空间的构建，正如书法中余白的运用，气脉相通、生生相息、充满魅力。所以章法布局中的审美价值以及构成形式，对于城市的规划布局，文化空间的营造，具有十分重要的指导意义。（图22）

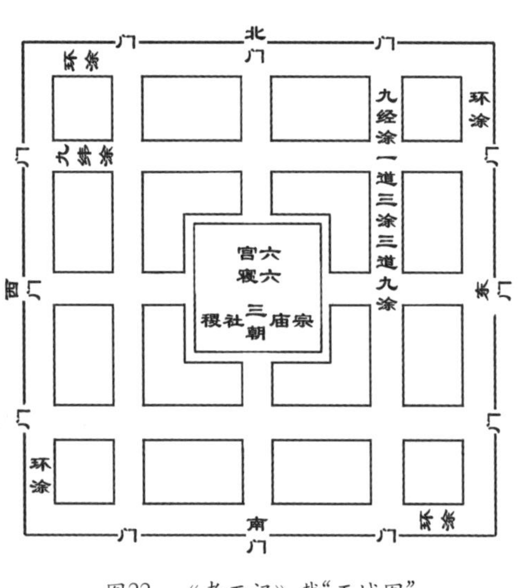

图22　《考工记》载“王城图”

九宫格是魔方的“空间秩序”来源，而魔方有机会产生无穷变化，变化的层次与多维是意境的基础，而意境是书法的真谛。

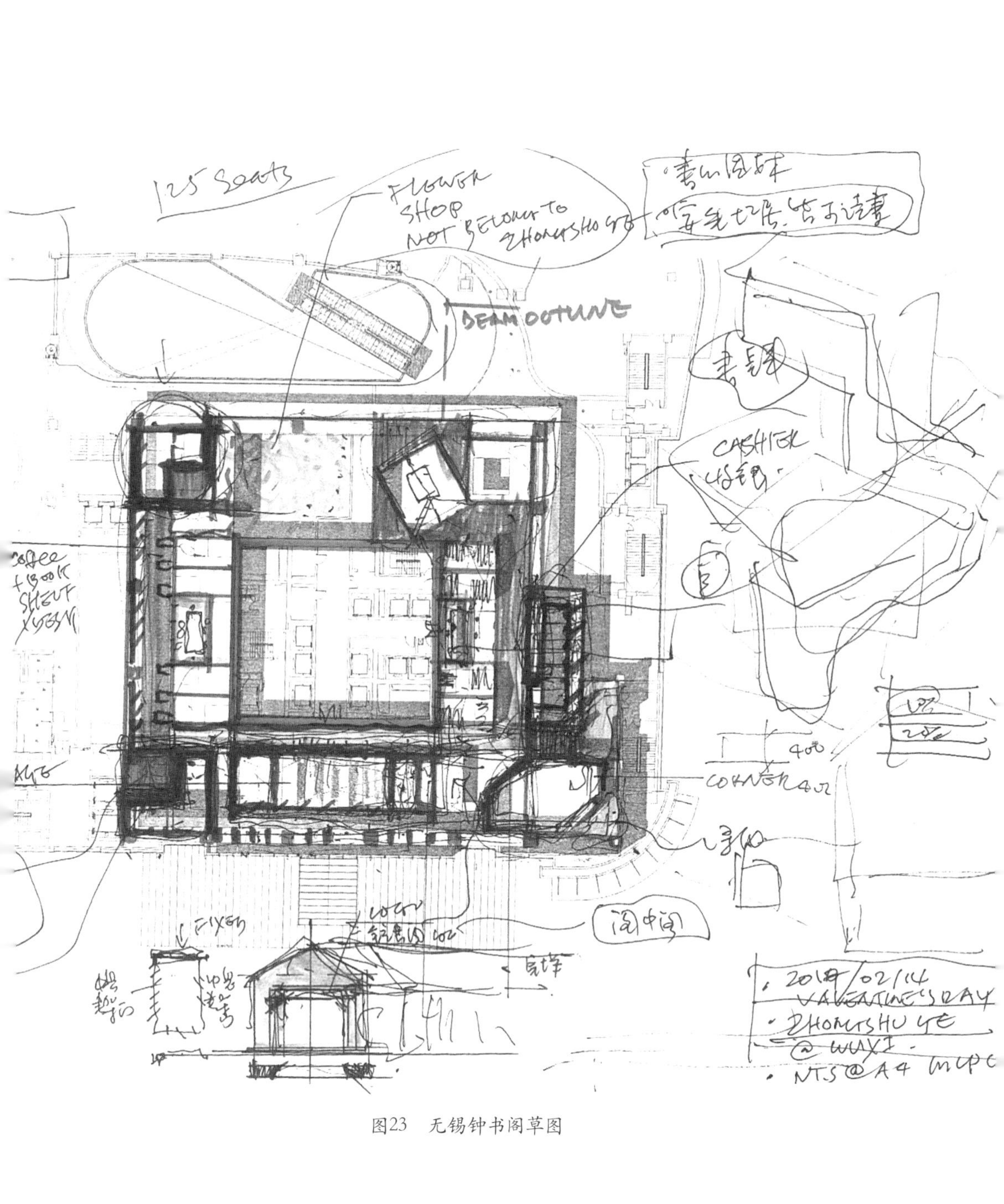
125 Seats
FLOWER
SHOP
NOT BELONG TO
ZHONGSHUGE
BEAM OUTLINE
CASHIER
收银
400
FIXED
阁中阁
2019/02/14
VALENTINE'S DAY
ZHONGSHUGE
@ WUXI

图23　无锡钟书阁草图

如陈嘉炜设计的无锡钟书阁，便是由此得到了启发。在空间组织上，形成了有秩序的空间结构，各种有层次的空间组织形成设计关系，不可分离、互为指涉，有意味地制造出许多场景性的效果来。虽然不直接体现出书法的形式，但用书法之精神笔断意连地创造了有意境的书店空间。钟书阁是书法抽象精神和审美的建筑化表现，也被誉为“震撼了读者心灵的最美书店”。（图23）

城市设计通过借鉴书法的章法布局可以做到：①定主宾之序：主笔担其脊梁，树其重心。城市亦然。②掌均衡之变：城市的功能布局合理均衡，有便捷的交通，有理想的居所，有完善充足的配套服务设施。③征节奏之美：城市空间要疏密有致，错落有序。在城市的中心区域，人口密集，商业繁华，空间紧凑，摩天大楼鳞次栉比。④知大小曲直：城市的界面及立面风格不要千篇一律，城市道路和空间要畅滞相生，要有视觉和空间感的变化。⑤驭圆缺参差：整体城市设计也应该讲求对比、丰富之味。保留历史建筑的文化情怀，也体现现代城市的便捷舒适；有规整的行道树、城市广场，也应有野趣的乱石铺路。⑥见开合呼应：城市发展需开合有度，先制定产业结构，铺张城市功能，布局城市空间，展现城市面貌，再逐渐充实其层次，修正其形象，使结构完整而充实，见其意境。⑦求从顺自然：城市规划应顺应其自然，富有弹性。要有抒情性，诗意栖居是最高理想，呈“无音之声，无形之相”的艺居环境。⑧识空白之义：控制城市建设密度，城市功能区和开敞空间要合理有序，相辅相成。城市空间要有留白，以应对未来发展，建立规划留白区，以满足在社会经济发展变化时，对城市功能提出的新要求。

四、从书体风格到城市主导意象

书体由大篆、小篆到隶、楷、行、草的演变，在此过程中获得了抽象的形态意象。形是静态的外表，势是动态的神韵，不论哪一种书体风格都是如此。在书法与城市空间的转绎中，讲形，就是讲书法的点画组合、结体、章法对城市的影响；讲势，就是讲点线构成、结字与章法中的运动之势。它们都将依赖于具体的书体得到表现，所以，形与势的关系最终将落实到书体上来。

一座容易认知的城市，在形态上必然是自成一体的城市，

表2：书体与城市的演变

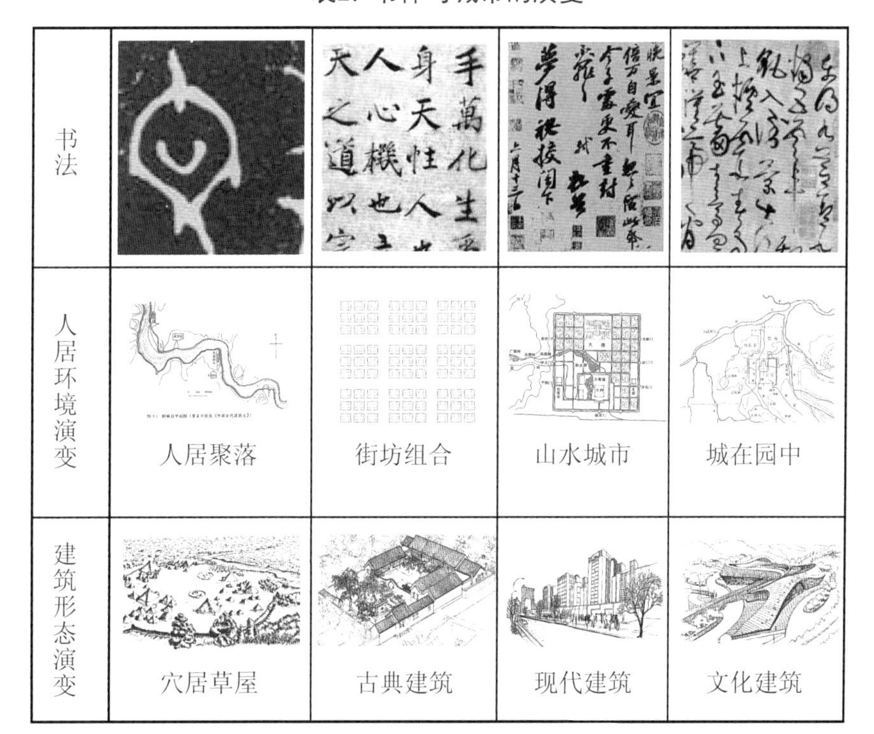

其各部分的组织关系清晰，并容易形成一个凝聚的形态特征。这就好比我们对书体的视觉认知。在书法发展的历史进程中，形成了篆、隶、真、行、草等各种书体，每一种书体的形态风格都是清晰的，容易被判明的。（表2）在具体书法创作中，一般是一件作品呈现一种书体，否则就会产生凌乱的印象。

城市的规划也像书体的选择，一个城市适合于一种体貌，其制约条件涉及城市的地理特点、城市的历史、城市的职能演变及其未来发展趋势。其变化应该是缓慢的，有机生成的。若规划者急于求成，武断行事，就将切断城市的文脉，导致混乱。其效果类似一件作品中书体的混淆。

隶书，完美体现古朴、雄浑、敦厚、宏伟、劲健、豪放的阳刚之美，让我们感受到一种浩然磅礴的气势，一种恢弘峥嵘的气象，一种顶天立地的气概，一种深蓄彪外的气力，行笔遒劲、结体开张、笔法圆劲、风华豪劲。楷书，讲究分布平衡、重心平稳、比例适当、字形端正、合乎规范、法度谨严、笔力险劲、飘逸神韵。行书，讲究的是点画的呼应和气韵，其笔画特点是露锋、牵丝、圆转、简便、静美、流畅。草书，结构简省、笔画连绵，其笔画特点是露起露收、直中有曲、轻重变化、方圆并重、宜转宜折、笔画替代、以少代多、墨分五色、牵丝映带、中侧并用。(表3)

如果以这种书体的个性特点去联想城市的个性意象的话，就会想到用宏伟的北京、洋气的上海、多元的广州、忙碌的香港、雄心勃勃的深圳、怀旧的南京、热闹的武汉、温馨的厦门，以及阳刚的大连、缠绵的杭州、精致的苏州、休闲的成都、麻辣的重庆、神秘的拉萨、浪漫的珠海、古朴的西安等用语来形容所提到的城市。这实际上不是在说这里的街道、建筑和景观，而是在说生活与过往在这些城市中的人。如此看来，城市的真正内涵，是人而不是物质，只有当人与城市水乳交融、和谐共生时，城市才能放射出真正的个性魅力。

表3：书体与城市建筑意象

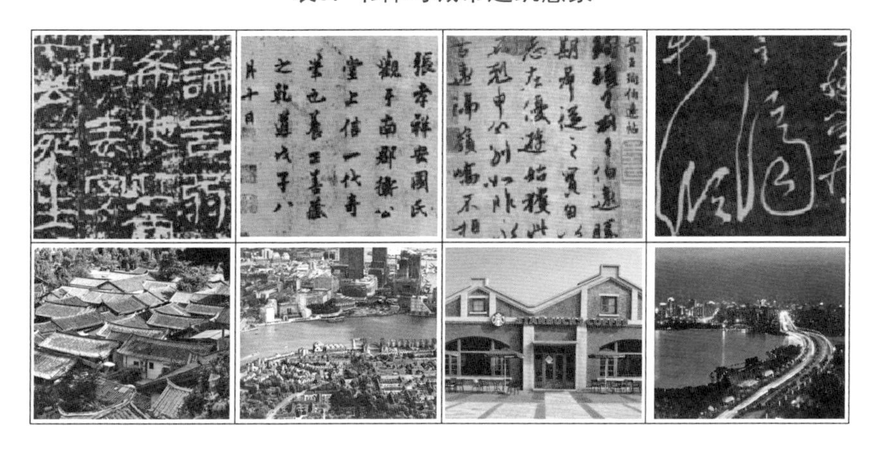

第四节　从城市空间到书法艺术

万事万物都处在不断的运动变化之中。“根植于传统文化土壤里的书法艺术，移植到现代文明的土壤里，能不能开花？开什么花？”[①]这是我们要解答的问题。城市空间在不断发展变化，书法的展示空间也在不断变化，作为书法的幅式

①张天弓．改革开放 30 年书法艺术的反思[J]．书法报．2008 (36)

和风格也应当随之应变。其实问题是一样的，只不过题面稍有变化，就是书法的展示空间从原来的书斋、展厅进一步拓展到了城市空间，书法的呈现形式和载体作了进一步的突破和创新。

一、城市空间的变化性和书法艺术的适应性

城市空间是城市文化、人类活动、艺术展览中心的共同载体，它是伴随着人类社会的发展而不断发展的。随着社会和文化的变革，思想意识形态孕育和在城市空间开发中许多艺术作品的发展，不仅美化了城市环境，也提高了城市的艺术品位。同时，我们必须认识到，传统文化只有在获得并发挥出适应现代城市发展的价值时，才是真正的传承。为此，我们应开发其资源，重构其要素，使其成为“活的文化”。

首先，城市空间的变化必然要求书法艺术形影相随。作为书法艺术，只有和人们的日常生活发生密切关系，并且最大限度地与人群发生互动，才可以作为社会文化的一个组成部分，获得勃勃生机，其作品成果就能代表时代成为经典。因此，在城市化快速发展的今天，书法艺术应当保持不断创新的活力，提高自身的适应性，不仅仅是进入展馆、公园、城市建筑、公共绿地和广场等，还应当与更加广阔的城市空间相结合，以期在更大的空间和平台上实现新的发展。

其次，展示空间变化必然要求书法幅式的变化。从书法的发展史看，书法来自于自然，早期的如仓颉造字（象形文字）、碑帖、高山大川（如摩崖石刻）等（图24），后随着造纸技术发

图24　奥运“京”字与泰山经石峪

展出现了宣纸（以前是绢、竹简等），再到现在的书法（帖），书法随着展示空间的变化而不断发展。晋以后，书写工具被定格为笔、墨、纸张，由此展示空间变化成为推动书法发展的主要动力。展示空间的变化首先出现在墙上，从汉末始，在墙上的作书开始流行，并在唐代时成为当时创作的新风尚。同时，展示空间的变化促进了书法的发展，推动了草书的产生。唐时草书多在门障、屏风、粉壁上创作，唐代书法家蔡希综评价张旭狂草：“乘兴之后，方肆其笔，或施于壁，或札于屏……”又有云：“狂僧有绝艺，非数仞高墙不足以逞其笔势，或逢花笺与绢素，凝神执笔守恒度。”特殊的展示空间使小草演变为狂草。宋代开始，题壁书式微，挂壁书兴起，展示形式改为写成卷轴以后挂在墙上。到明代，由于建筑高敞，幅式增大，字也越写越大，大字与小字在用笔、点画、结体和章法上都不一样，字体书风都随之变化。到当代，随着城市化进程的加快，各类建筑风格竞相迸发，城市空间的广度和深度进一步拓展，更加为书法的植入和发展创造了广阔的平台。

第三，城市空间的变化要求书法艺术的创作方式“当随时代”。恩格斯认为：“原则不是研究的出发点，而是它的最终结果；这些原则不是被应用于自然界和人类历史，而是从它们中抽象出来的；不是自然界和人类去适应原则，而是原则只有在适合于自然界历史的情况下才是正确的。”①这就告诉我们，不仅“笔墨当随时代”，而且书法艺术创作的载体也当随时代。一是书法形制选择上要多用斗方幅式和少字书。城市空间也是如此，它表现的整体性、造型和元素，要以最简练、最抽象、最夸张的方法，表现最抢眼，让书法作品在城市空间成为一道亮丽的风景线让人瞩目。二是在形式上应当逐渐从传统读的文本到看的图式转变，要体现强烈的对比关系。在大空间上处理好笔墨的关系，主要是加强空间和空间、面与面，大面积的对比，增加对比关系，这样的作品才能光彩夺目，才能适宜城市空间。以用墨为例，如何用好涨墨，尤其是怎么用好水，都是当下书法创作需要用心的方向。墨色和余白是当代书法艺术发展中最有可能突破的东西，用墨色营造法则去构画。三是要模糊图底关系。《艺术与视知觉》认为，在特定条件下，面积较小的面总是被看作“图”，而面积较大的面总是被看成“底”。在视觉效果的打造下，要有大的空间呈现，才能适合现代建筑的环境。而一幅好的书法作品，也要随之应变，大的、小的，要适应展示空间的形式变化。如城市中的建筑雕塑，只有从私有

①[德]恩格斯．反杜林论[M]．北京：北京人民出版社，1972．32

的转变成公共的，才能成为城市的一部分，获得蓬勃生机。四是从观念上强调两重性中的整体性。何谓两重性，即整体中的局部由两方面内容组成：一方面是自我、自给的，有一定的独立性；另一方面是他我，不完整的，没有独立性，必须与其他部分相互依存，才能成为整体的有机组成部分。这是当下城市空间和书法关系跨界转绎的一个理论基础，它强调依存关系，强调局部整体的关系，尤其是整体关系。这就颠覆了古代社会鸡犬不相往来的农耕思想，在农耕文明向封建社会、工业文明转变的当下，创作理论整体性的转变，也是加强书法艺术与城市空间关系的一种方向。

二、城市空间的丰富性和书法艺术的开创性

城市空间的丰富性也许为书法发展开辟了另一种可能。首先，促进书法观念的更新。书法艺术的始创和发展，都伴随着先人对自然与科学认识的不断深入，也借助于科学技术的不断发展。提炼书法艺术的形、意、神，将其作为中国艺术文化的DNA落实到城市空间中，是当代书法在传统基础上的突破性创新。如吴振伟设计的“和”字雕塑，以草书“和”字直接提取“形”的元素，使书法从平面变为立体、小众变为大众，体现出书法的魅力与韵味。（图25）城市雕塑在书法美学原则的指导下，矗立在城市公共空间中，让普通大众接受艺术的熏陶，同时也传递出积极向上的正能量，向世界展示中国文化璀璨

的魅力。书法与其他艺术之间、专家与专家之间，应当打开门户、相互交流、相互吸取经验，互学互进。这样书法艺术之路才会越走越宽广。

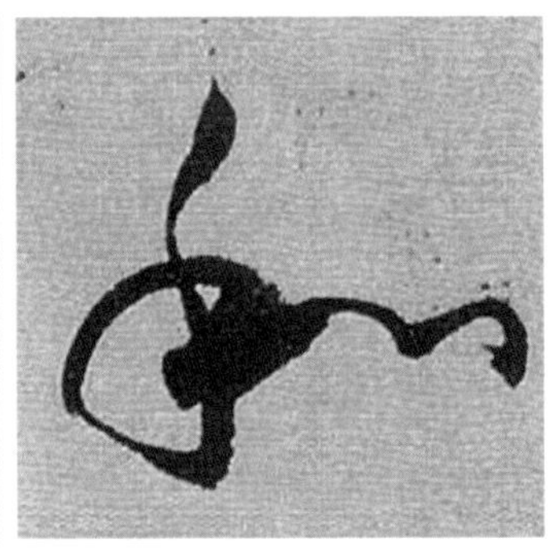

图25 “和”字雕塑

其次，促使顺应时代潮流。任何艺术都不可能脱离时代而发展，社会愈发展、愈进步，艺术就愈接近民众。书法与时代的发展息息相关。我们应当顺应时代潮流，让书法贴近时代、贴近生活、贴近大众，让人民群众更多地参与到书法的创作、欣赏和消费中来，实现书法的大众化、普及化，这也是书法发展的重要条件和土壤。书法艺术的发展应当处理好继承传统与开拓创新的关系，紧跟时代步伐，让今日书法烙上时代印记，创造出体现时代精神的书法高峰。

第三，促进书法呈现形式和传播方式的创新。书法呈现形式转换到城市空间，只是在坚持书法精神的基础上使书法形式变得更简约、更大气、更时代、更生活，只是改变其规模尺度、展示空间、呈现形式、材料及技术手段，使其艺术价值、文化价值、实用价值、审美价值等在当今信息化、个性化、现代化时代得到诠释和体现，从而使书法艺术的发展空间更广阔。书法艺术和城市空间的完美结合，也许能创造一种让人耳目一新的有意味的形式。从传播方式看，城市化进程及科技的进步，从印刷术到电子媒介到现代网络，为书法艺术的传播不断提供广阔的展示平台，让博大精深的中华书法艺术可以传播到世界的每个角落。

三、城市空间和书法艺术融合对主客体提出了新的要求

随着经济和社会的发展，各种技术和手段的创新为艺术门类的综合研究提供了条件。艺术跨界本身不存在障碍，缺少的是突破的方法。书法艺术在现代城市空间发展背景下要取得进一步的应用和发展，满足人们对书法艺术时代感的需求，对参与其中的主体和客体都提出了新的要求。

一方面，要求作为主体的书法家要实现身份的转换。马克思说："如果你想得到艺术的享受，那你就必须是一个有艺术修养的人。"[①]书法家处在书法艺术产生的起点，提供原创性的书法作品，其生活经历、学识修养、个性爱好等决定了他们所创作出来的书法风格的面貌。书法家的思想素质、艺术素养和综合水平直接影响着书法作品的质量。"君子之有文也，如日月之明、金石之声、江河之涛澜、虎豹之炳蔚"，要在深谙传统功底的同时，力争成为集政治、文学、建筑于一身的杂家，

①马克思．1844 年经济学哲学手稿[M]．北京：人民出版社，112

回归生命的自然状态，体现生活情趣，打造文化语境，而不是所谓纯的“书法家”。同时，集体的艺术表现力往往大于个人的艺术表现力。书法家团体应由单个、小团体、知识结构单一向综合、系统转变，在广阔的城市空间中，书法的集体意识创作和跨界链接必将产生更加震撼的作品。

另一方面，对客体提出新的要求。在文化大融合的地球村里，要敞开胸怀，借鉴人类艺术创作的一切文明成果，让现代书法艺术以更加华美的笔墨，绘就时代主旋律。书法将走向大众、走向公共空间，与城市空间、场域、视觉映象以及城市意象紧密相关，在很大程度上成为无处不在的，具有社会性、民族性的“公共艺术精神和审美”。与此同时，城市中现代审美意识和元素对书法的创作提供了启发。它将促使书法家把对城市空间的感悟融入到书法创作中，使得创作出来的书法作品具有更丰富的时代内涵和品位，从而促进书法向多元化、现代化发展。

四、多样性城市空间理论对书法理论创新的启迪

城市空间将承接一座城镇百年千年的历史，乃无所不容之社会载体。在城市规划专业相对发达的英美，可内含数十个相关学科，集中偏重经济、交通、环境等。在台湾、新加坡、香港、东京，土地稀缺又风土浓郁，城市更新需求更为多元，常有的做法是采用组织严谨、分工细致的多专业联合协作方案，偏重历史、人文、艺术等微观视角。

（一）城市意象理论对书法的启迪

“城市意象”是美国学者凯文·林奇在其同名著作《城市意象》中提出的一个概念，意指城市的景观与形象。特别强调它是城市中各种体验因素的相互重叠和相互关联，而不是个别印象的简单相加。正是在这里，存在着将书法意象植入城市意象的理由。因为书法也是一个由若干层次复杂联系而成的综合体，小到由点、线的长短、大小、疏密、朝揖、应接、向背、穿插形成的空间分割，由对比、均衡、韵律等形成

意象	城市解读	书法解读
道路 Path	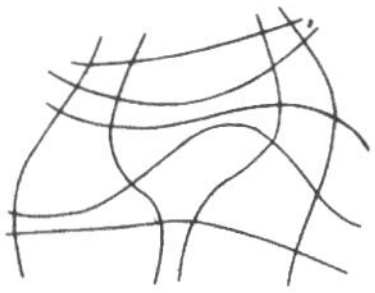	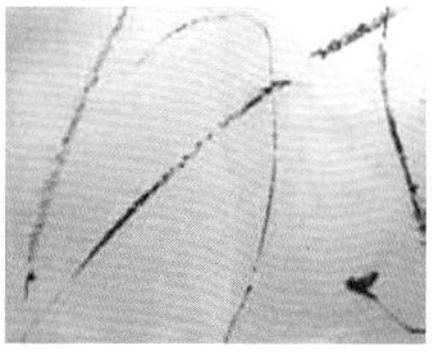
节点 Node		
地标 Landmark	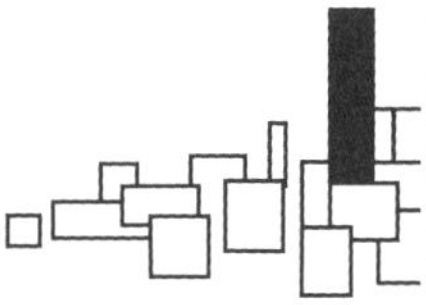	
区域 District		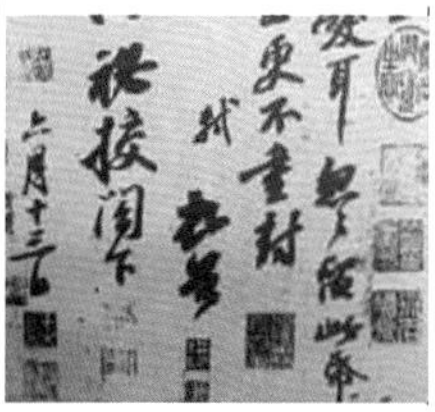
边界 Edge	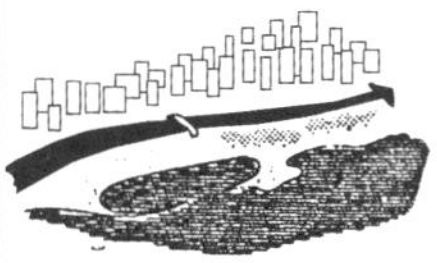	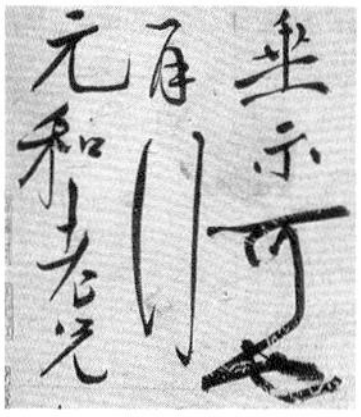

表4　城市意象要素与书法转绎关系表

的形式美；大到书法与创作者及其文化语境的关系，都并非源自单一因素的作用。

林奇认为，一个可读的城市，它的街区、标志或是道路，应该容易认明，进而组成一个完整的形态。为此，他将城市意象概括为道路、节点、地标、区域、边界五种要素。（表4）

1.城市中的道路与书法的线条

道路是城市规划中的“线性”因素，也是城市意象感知的主体要素。典型的空间特性能够强化特定道路的意象。道路的可识别性，道路的个性特征形成城市的整体意象，其中又以道路的结构性差异为主要甄别对象。正如书法的不同书体有其典型的特征，汉隶的蚕头燕尾、章草笔断意连，无不具有很强的艺术性和识别性。假如道路改变宽度或是空间的连续性被打断，道路的延续性也被打断。正如连续性强、笔画简省的草书，作为最写意的字体，草书中的线，其长线将许多笔画连成一气，绵延不断。延伸的曲线也是一种渐变，是在运动方向上的稳定变化。书法的基本构成元素为线条，线条作为点的运动轨迹，在书法艺术中表现为一种流动的有方向性和不可重复性的书写过程。

2.城市中的边界与书法中的守边

凯文·林奇在《城市意象》中对边界作这样的描述，“边界通常是两个地区的边界，相互起侧面参照作用”，“边界可把一区域和其他区域相隔离，也可把沿线两边有关地区连接起来”。

城市边界是对“领域”的划分。既是空间的边界，也是“心理界标”。海德格尔说：“边界不是某种东西的停止,而是某种新东西在此开始出现。”因而，边界是极富活力与生气的区域。

相比于书法，书法的物理边界是书写宣纸的大小，如果拓展开去，在新的载体和平台上，如“大地艺术”，以地作画，边界就大大地拓宽了。书法又是表意的抽象艺术，“言有穷而意无尽”，突破了物理边界，升华到新的艺术境界。

3.城市中的区域与书法中的构成

区域是城市意象的基本元素，是一个具体的活动范围，是人的生活行为空间，是“面”的空间转化。城市区域的划分不但代表了功能的差异，而且当人们在其中活动的时候，还会有一种“场域体验”，形成对城市的意向性认知。比如我们常常讲一个地区划分为商业区、文化区等。

书法构成在区域平面布局上的诸多方面出现了书法艺术和城市空间的密切关联。如江南古镇中的建筑与水，在平面布局上，建筑对应着笔墨中的黑，水对应着空间上的留白，沿水而居的江南水乡，恰如一气呵成的草书，源远流长，笔势不断；在立体空间上，江南水乡粉墙黛瓦，气质简朴，恰如书法艺术中的线条，或者是书法艺术在空间上的再现，在白与黑之间，散发出深厚的传统文化气息。因此，江南水乡，从平面布局，到空间形态，都折射出了书法艺术的审美趣味，书法艺术渗透到生活中的每一个角落。

4.城市中的节点与书法中的转势

城市节点是城市结构空间及主要要素的连接点，是城市结构与功能的转换处，可能是一个广场，也可能是一个中心活动区。凯文·林奇把节点视为不同结构的连接处与转换处，是观察者可以进入的战略性焦点，典型的如道路的连接点和某些特征的集中点。在城市规划中，对空间的处理、景观的营造、交通的组织等方方面面都要与周边关系相协调、相一致、相联系，因势利导、顺势而为。对应于书法，也应当树立一种“节点”的理念，其“节点”可理解为笔画之间、字与字之间、行与行之间的组合与连接呼应关系，即“转势”，书写过程中，虽一点一画地书写，但锋向要数次改变，落纸锋面也必须跟随变换。

5.城市中的标志物与书法的点画

城市标志物是“点”性因素，也称为点状参照物，是观察者的外部观察参照点，通常可以作为一种地标，是人们对城市意象进行身份确认的线索。城市标志物最重要的特点是“在某些方面具有唯一性”，在整个环境中“令人难忘”。当一个建筑物被公认为城市标志性建筑时，这个建筑的审美趣味就成为人们对这个城市文化的概念性认知。

“迪拜纳赫勒港湾大楼”的设计，将由四座核心塔组成的高达1公里的塔楼作为城市标志物和地标建筑，作为区域乃至全世界的灵感塔，充分反映了伊斯兰文化，也将成为全世界探求灵感的目的地。

书法作品中，书法艺术的美的基础是通过每一个点画的形、点画的组合形、每一个字的形以及每一行和通篇的形组合而成的。而好的书法总是有几个具有标志性的字、组和标志性的点画，以此撑起书法作品的个性和特色，给人留下深刻的印象。（图26）

（二）城市场域理论对书法的启迪

场域，最初是一个物理学概念，到20世纪早期，在格式塔心理学那里演变为一个社会心理学概念，用以指称人类的行为模式。场域是指根据消费社会逻辑所存在的各种社会领域，例如宗教场域、政治场域、法律场域、文化场域、教育场域、美学场域等，其中体现的是人与物、人与人、人与商品的多重符号化的象征关系。

场域对书法的影响，就是要处理好关系。现在的社会就是关系的社会，人与人、物与物之间构成的氛围、意境的这种关系就是场域。对于书法来说，要讲究整体的关系，而不是讲究局部。书法的创作一定要从整体研究，因为理论上、实践上都说明，点是结字的局部、结字是章法的局部、章法是书法整体的局部。这种整体观念的研究会给书法带来理论和技术革命性的转变，从小的局部转变为大的全局性的研究，它的势、它的神、它的变化，是不可当量的，这也许就是场域对书法最大的启迪。

（三）“图—底”理论对书法的启迪

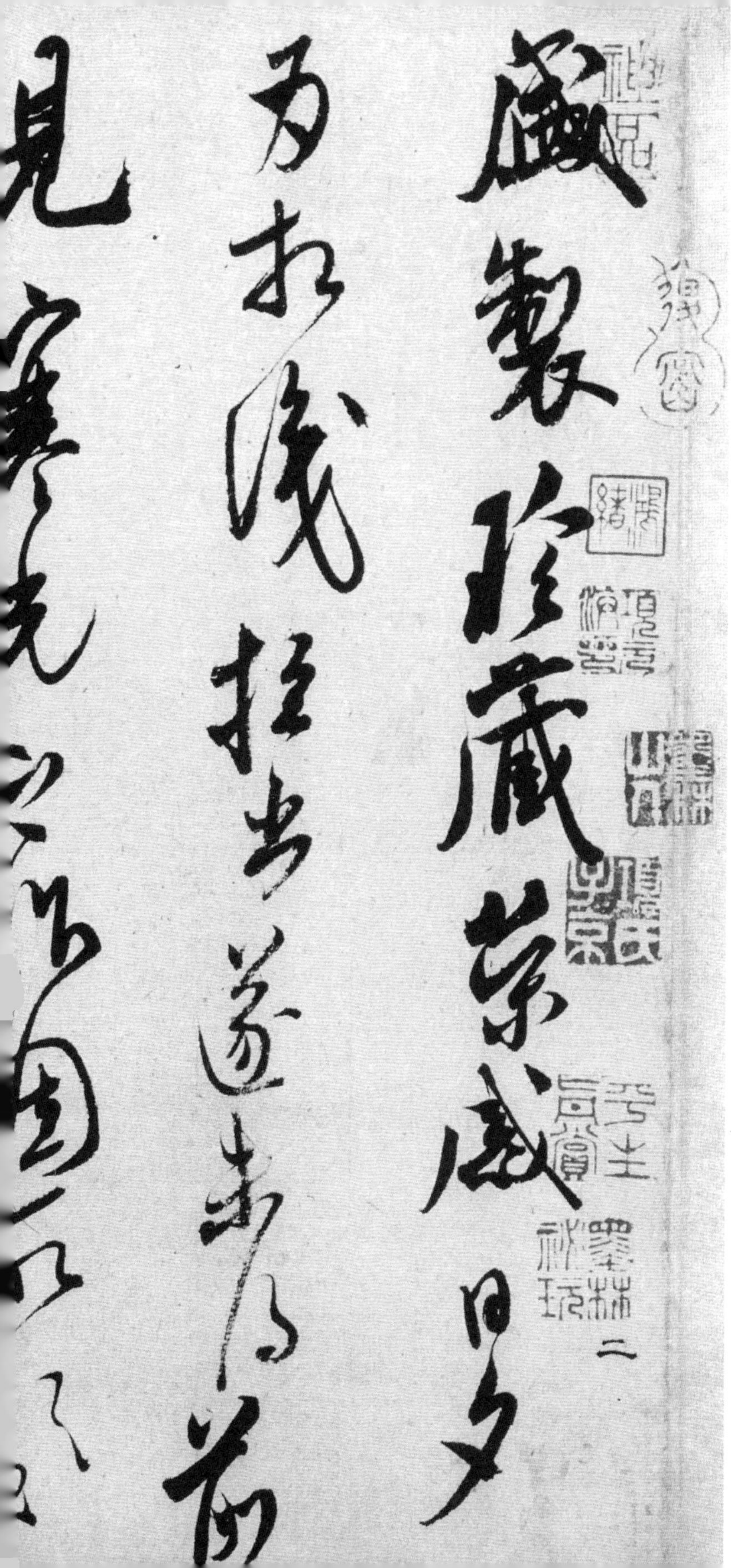

图26　米芾《盛制帖》

“图—底”理论来源于格式塔视觉心理学，拉斯姆森在《建筑体验》一书中运用“图形”和“背景”的概念来分析建筑和城市空间，实质上就是运用“图—底”分析。

图27　图—底关系图

格式塔视觉心理学告诉我们一个道理——部分相加不等于整体，整体大于部分之和。所以，当我们说一物具有整体性时，它就必然是有机的和意象性的，这就是说，它有实的部分，也有虚的部分，而且虚比实更加重要。（图27）一幅书法作品，如果是真正的艺术作品，那就不应给人感觉只是简单的字与字之间的机械拼凑，部分与部分之间的简单相加。对书法而言，虚，就是气，是运动，是时间的痕迹和生命的痕迹；对城市来说，虚，就是城市的脉搏与环境的生命。谢赫六法把中国传统绘画的最高境界表述为“气韵生动”，书法在某种意义上也是一种特殊形式的绘画，其最高境界亦不出“气韵生动”四个字。气韵和生动形影相随，生动来源于气韵，有气韵必然生动。气韵，正是使一个共同体各部分结零成整的关键所在。于是，格式塔心理学美学所极欲说明白的那种“格式塔质”——那种不是以局部与局部之“和”而是以局部与局部之“积”造就整体的机制——在中国古典美学得到了终极的解释。正是它，赋予了书法形态与城市形态共同的生动性，并能通过创造书法意象的脉络，营造出具有中国气派的城市意境，并将书法艺术演化为瑰丽博大的公共艺术。

有人说，书法就是黑白的艺术。借助格式塔视觉心理学的“图—底”关系理论，就可望从城市空间中反过来学到营造书法的视觉的美、形式的美。实际上，“计白当黑”的书法论，就是中国古典的“图—底”关系理论，从书法的路径上反映了书法和城市空间规划的“同”；格式塔的“图—底”关系理论则是从城市空间的路径上，反映了城市和书法的这种美学共性。一幅优秀的书法作品，在视觉上，有强烈的视觉效果或者说是冲击力，这来自于书家对书法构成的黑白，即“图—底”关系的巧妙安排，疏密有致，留有余地。字与字、字与行、行与行、行与组、组与组之间分别引起余白，造成“图、底”的强烈对比。在感觉上，站在一幅优秀的书法作品眼前，就会产生共鸣心理，说明作品具有强大的吸引力。这个吸引来自作品的气韵，它隐藏在作品的笔意中，表现为或跌宕起伏，或闲情雅致，或悲切无奈……飘逸之气与人的情感一起律动。在味觉上，书法作品也是有味道的，这种味道是书意的重要体现，它或淡或浓，或干或湿，或静或简，无不让人回味无穷。在梦觉上，读着读着，看着看着，进入一种自我的意境而不能自拔，无论虚渺厚实还是崩溃静雅，都着实让人感受书香魅力和墨韵的华彩。

（四）“连接”理论对书法艺术的启迪

所谓“连接”理论，起于研究连接不同元素之间的线的关系。在城市空间中，这些线由街道、步行道、线形开敞空间或其他在空间上与城市各个部分的连接要素组成。连接理论试图组织一个联系系统或网络，来创造一个空间组织的结构，将重点置于系统而非空间图式，认为系统运动和基础设施的效率比限定室外空间的格局更重要。作为方法论，“连接”理论把交通流线的动态性作为形成城市形态的动力，它的重大贡献在于强调联系和动态性。

连接理论给我们的启示是，在城市规划中要植入这样一种意念和表现形式：即在点线组合、字与字、行与行的组合上开辟新的视角，体现在书法点画之间的连接，字与字之间的笔断意连、行与行之间的“行气”等。

通过分析不难看出，书法艺术的点线、结体和章法三个层次与“连接”理论、“图—底”理论和“场域”理论三种理论对应的要旨是阴阳相生、虚实相成。就书法每个层次的表现形式来说，点线上是粗细方圆、轻重快慢；结体上是正侧大小、收放开合；章法上是疏密虚实、离合断续等等。所有表现形式都体现为各种各样的对比关系。这些对比关系非常丰富，如果加以归并的话，则可被概括为形和势两大类型。形，即空间的状态和位置，如粗细方圆、大小正侧、疏密虚实等的；势，即时间的运动和速度，如轻重快慢、离合断续等等。正如书法中的点线、结体、章法三个层次不可分而治之一样，在城市形态设计的具体实践中，将三种理论的精华叠加起来，对“图—底”、“连接”和“场域”予以同时考虑，形成一种多维视角，一方面为建筑实体和空间虚体提供清晰的结构，一方面有效地组织城市形态各部分之间的联系，并表达出对人的需求和城市中独特文脉要素的尊重。[①]（图28）

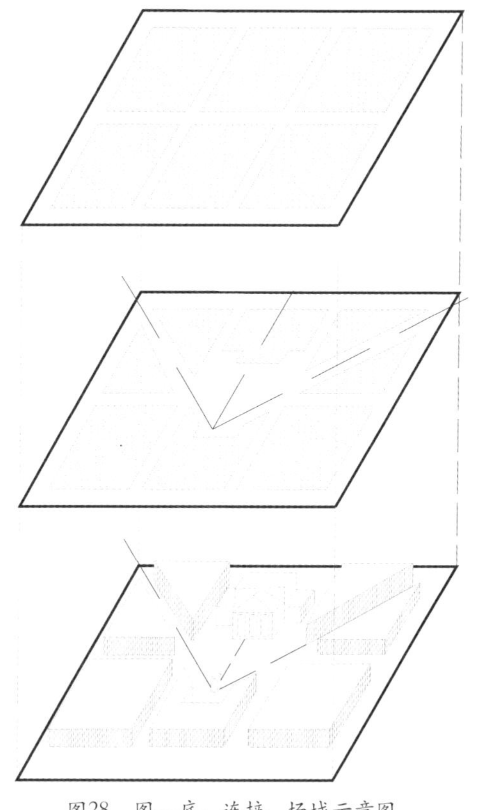

图28　图—底、连接、场域示意图

①[美]罗杰·特兰西克．寻找失落空间——城市设计的理论[M]．朱子瑜、张播等译．北京：中国建筑工业出版社，2012：97-98

（五）解构主义城市理论对书法的启迪

解构主义是由法国后结构主义哲学家德里达所创立的，他提出了一种称之为解构阅读西方哲学的方法。在建筑中，解构主义是20世纪后二十年通过分裂来表达自己、影响社会并打破了区分上与下、左与右、里与外传统方式的建筑。（图29、30）

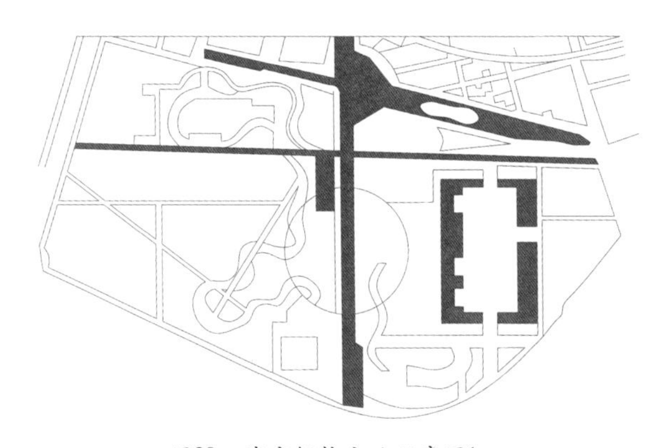

图29　城市解构主义示意图1

汉字形体从甲骨文、金文、小篆等古文字演变到今天的文字，经历了很大的变化。古文字由粗细均匀、变化不大的线条组成，但字形较为繁杂。从小篆到隶书，再到行书，字形进一步简化。到草书就演变成了“解散楷体”，许多字写起来与楷书存在较大的差异：楷书字体体式方正、结构严整，而草书则灵活多变、龙飞凤舞，将之比较，可认为是一种解构的过程。如图31，明代书法家王宠的《滕王阁》（局部），其楷书的特别之处是笔画之间结构的脱落，给人未完成之感，断裂的笔画一反传统审美标准，颇具解构主义的意涵。

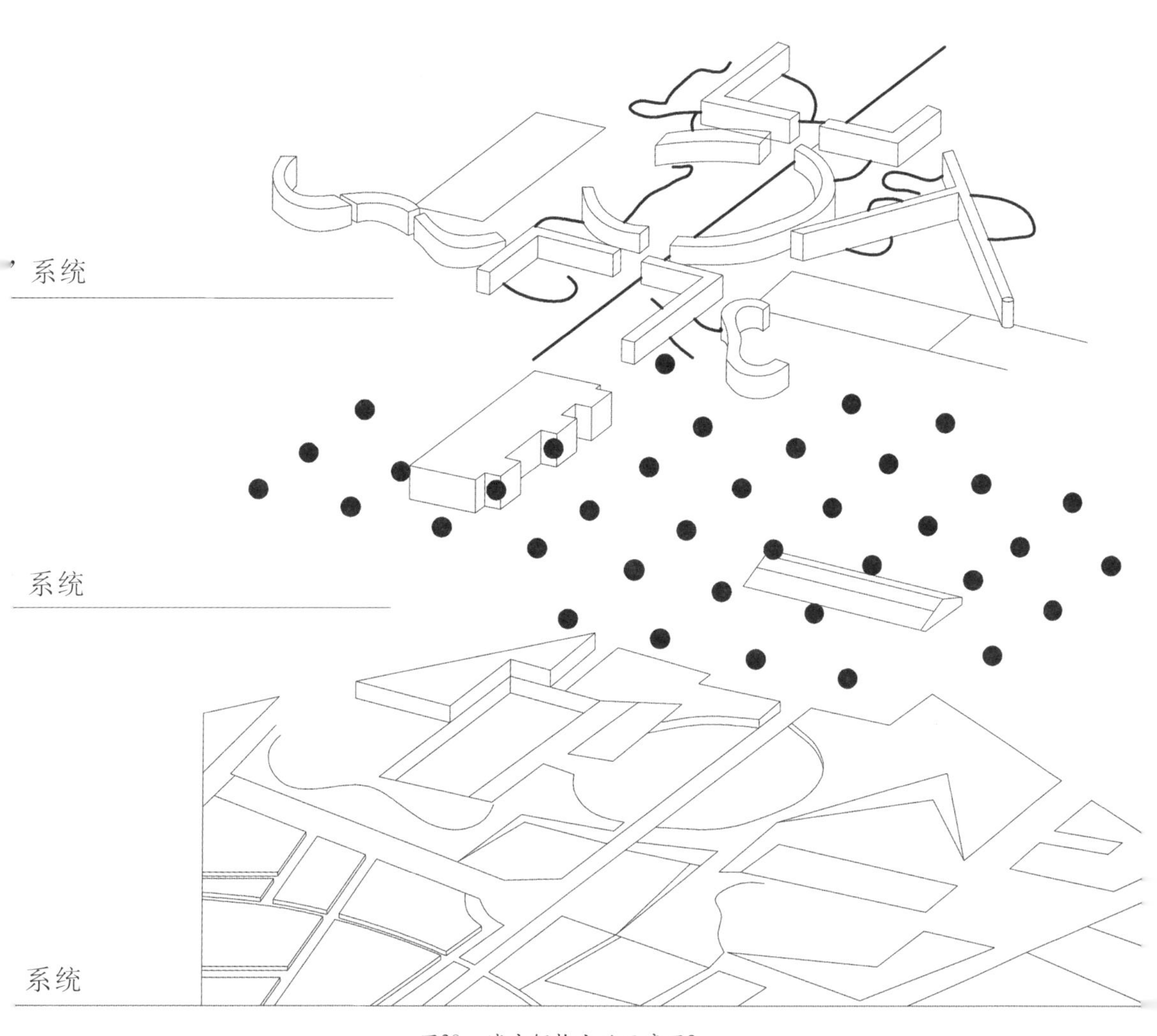

图30　城市解构主义示意图2

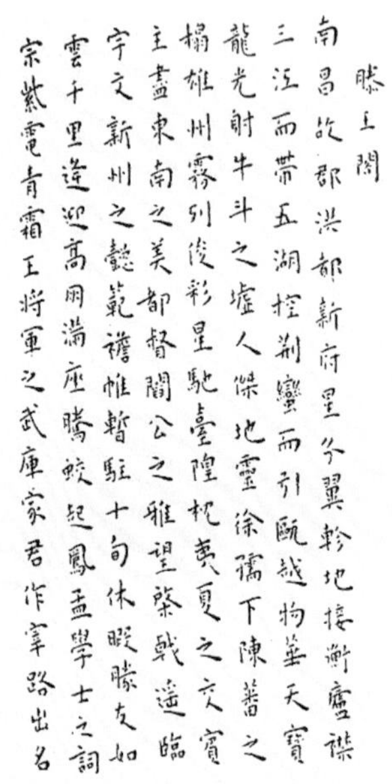

图31 王宠书法

解构主义绝非仅仅是构成主义的翻版，而是从审美观念上进行了深层的再塑。“解构主义所追求的是非理性与反逻辑的偶然机遇。它之所以用理性元素，其目的是通过理性元素的并置与冲突，去追求非理性的目的，向理性统治下的人们证明非理性的合理。借理性的元素，表述非理性的内涵，这就是解构建筑的基本哲学特征。”①

解构主义理论曾经运用于城市，诞生了解构主义城市规划学和建筑学，这些理论也同样可通过其城市实践对书法的创作产生影响，因为它在城市空间的尺度上，提供了一种思路、一种方向，那就是对以少胜多、以简胜繁的书学原则的强化。

①彭一刚．建筑空间组合论（第三版）[M]．北京：中国建筑工业出版社，2008：97

【第五章】

塑造：书法艺术与城市意象

书法文化与城市意象的融合升华，旨在创造出能够识别的、个性化的城市意象。城市意象既是一种主观体验，又由自然的、历史的、社会的、制度的等若干因素汇聚而成，城市空间便是其汇聚的场域。因此，在城市空间中讨论意象，意象就将从“艺术”扩大为“文化”，将书法与城市空间转绎的问题逻辑置换为在当代城市空间中创造书法文化的问题。

第一节　书法与城市三种形态的意象关联

一个城市至少具备生态、文态、形态和业态四种要素。如果业态可作为其他三态的一种相关因素暂时存而不论，那么，生态、文态和形态就已经能组成一个基本框架，用于我们讨论书法在城市意象生成中的价值和作用。在这一框架中可以发现，书法与城市之间的关系是复合的，而且本身也是意象性的。还须注意的是，作为城市意象的构建成分，城市三态中的每一态都无法单独存在，它们之间的关系是相辅相成的，并与业态呈现出直接的互动。

一、书法与城市生态意象

中国书法和城市空间及建筑的创作理念，都有“观物取象”的特征，创作灵感都源自于大自然，但又不是大自然的具象的表达，而是抽象表达了自然完美的法则，道法自然，自然而然。（图32）

图32 散氏盘铭文与陈嘉炜十乐居设计渲染图

作为中国传统美学中重要的审美范畴之一，意象，顾名思义，当为“意”与“象”的结合。当意象能够达到某种高度成为境界时，便跃升为意境。《辞海》中对意象有这样的解释：表象的一种，即由记忆表象或现有知觉形象改造而成的想象性表象，指主观情意和外在物象相融合的心象。文艺创作过程中意象亦称“审美意象”，是想象力对实际生活所提供的经验材料进行加工生发，而在作者头脑中形成了的形象显现。西方学者对此的阐述亦很多，德国心理学家、美学家立普斯最早用“移情”学说解释审美经验的产生，谷鲁斯提出“内模仿说”，这两种心理活动的交融和共同营造，决定了意境的生成。之后产生的“心理距离说”“格式塔心理学”“心理暗示”等现代心理学理论则进一步对意境的特征，如虚实相生、韵味无穷、想象空间等进行了阐释，尤其是“格式塔心理学”的影响最为深远。[1]可见，对意象生成的基本心理机制的认识中西皆同，都认为意象是心物交融、主客统一的产物，是人对客观世界的一种充满想象力和创造性的认知。其关键在于虚实相生、以有限之景暗示无限之意，具有强烈的情感性和深刻的反思性特征。（图33）

图33　井冈山与书法作品

在中国美学传统中，诗、书、画是统一的整体。诗的意象，必由书与画来分享，书法获得审美价值的根本依据，也在于意象的创造。书法是汉字的艺术，而汉字是一种象形文字体系。虽然在长期的演变过程中，汉字越来越抽象化，经过“六书”——指事、象形、形声、会意、转注、假借——这些造字方法的迂回，象形的比重越来越小。不过，其残存的象形特征，仍然是意象性的，也是诗性的。无怪乎庞德曾

①朱光潜．朱光潜全集（第三卷）[M]．合肥：安徽教育出版社，1987

图34　梯田线条之美

经发出感叹说："用象形构成的中文永远是诗的，情不自禁地是诗的。"可见，书法的意象性来源于两个方面：一方面是汉字的意象性，另一方面是由于分享诗性而获得意象性。这成为书法能够为营造城市生态意象可借鉴提供了丰富的资源。

把书法的意象植入城市意象，就是要为我们所居住的城市灌注"天人合一"的哲理悟性，使之既服务于人类幸福，又体现出对大自然的尊重。这正是中国优秀的文化传统之一。如果说书法及其所依托的价值体系不能解决如今国内城市空间规划问题的全部，那么至少可以在中国传统文化的深厚文脉上，为我们提供一种选择，能够用自己的方式，创造出具有中国特色的城市生态。到那时，"天人合一"必将与建基于"以人为本"之上的现代生态观念获得现实的沟通，使中国传统文化资源焕发出有益于现代人居的

图35　印度大使馆和方传鑫（右上）、张继（右下）的篆刻

价值，并为世界人居理论与实践作出重要贡献。

二、书法与城市文态意象

我国著名城市空间规划和古迹保护专家郑孝燮先生，在20世纪90年代中期首次提出了“文态环境”的概念。[①]“城市文态”是一个相对于“城市生态”的概念，这个概念的要义在于对城市文化气质的彰显。要求在城市空间规划和建设中，表达其文化特质，形成城市的个性张力。如果我们把城市比作一件有个性的书法作品，在某种意义上可视作得到理解城市文化的一把钥匙。（图35）

一幅书法作品的好坏，表面看来，是由其视觉形象决定的，实际上却是由书法家的人品、学问、才情、思想等书外功夫决定的，这与古代对文人画家的要求并无二致。比照意象理论，这就意味着，在一个书法意象中，组成其结构的更重要方面是“意”而非“象”；而其中“人”才是最具有主动性的方面。从春秋到魏晋，“意象”理论一步步地突出了“意”的价值，实际上是对人的主观能动性的强调，标志着人性意识的觉醒，也标志着文化的自觉，这些变化，也直接地反映到了书法美学的发展之中。

书为心画，以书法表现人心、表现品德，都有着发自内心、表达心智、抒发情感的特征。中国书法是一种似人拟喻的生命形式，是反映生命的艺术，每个字都表现出一个生

①郑孝燮．我国城市文态环境保护问题八则[J]．城市空间规划．1994(6)

命体的筋、骨、血、肉的感觉，它们既相互独立，又相互关联，构成了中国文化独有的中国特色的美学系统，带有“言不尽意”的特性。

刘熙载在《艺概·书概》里说：“学书通于学仙，炼神最上，炼气次之，炼形又次之。”书法最重要的是“神”，所以在苏轼所提出的生命范畴序列中，“神”也居于首位，其次才是“气”。只有有神有气，艺术创造才能成为一流——古今中外，莫不如此！最高级的艺术灵感一定是神的启示，这便是“诗境之神”，即“出神入化”或“神化”的境界。

书法的精神作为城市空间的粘合剂，黑与白色调的搭配，虚与实的阴阳、玄无的统一，一定会使建筑的玻璃、钢筋混凝土等生硬、冷冰的现代建筑材料，趋向丰富生动的传统水墨文化的神韵，体现时尚与古韵的对话、现代与传统的握手，构成城市的文化空间和文态意象。

三、书法与城市形态意象

按照凯文·林奇的观点，城市形态意象的特征之一在于其“可读性”，一个具有可读性的城市，其街区、标志物或是道路，应该容易识别，进而能够组成一个完整的形态。一座容易认知的城市，在形态上必然是自成一体的城市，其各部分的组织关系清晰，并容易形成一个凝聚的形态特征。城市的环境要依靠好的城市空间组织关系和城市的物态而获得，这就像书法的情感和它对传统文化的表达，是依靠一点一画的形态来表达一样。

书法的形式构成，无不包括点画有致、结构均衡、参差错落、虚实映照，甚至能形神兼备、情景交融、富有诗意。而城市空间规划艺术从建筑的基本结构“间”，发展到建筑、聚落、街区、城市，城市空间规划也需要节奏、对比、特色、意境。书法字体各具情态，不同的书法家、书写工具及材料、呈现平台等都会对字体风格等产生影响。书法作品尽管书写体态不一，但其字形的基础均以点画勾勒、粗细线条构成表意字形；同时有着伸缩自如、疏密相间、欹正结合的特点。书法艺术作为中国独有的艺术，是一切中国艺术的基础，共同的审美标准决定了共同的形而上的美学诉求。

在“意象”的范式中来思考城市形态和书法形态意象生成的关联，既然意象是意与象的结合，那么就离不开“象”而存在。这个“象”就是形态。书法意象如此，城市意象亦如此。城市是一个复杂的综合体，如果其中所蕴含的形式法则难以被清晰地观察的话，那么书法无疑能为其提供简洁的象征图式。如对称、均衡、正斜、方圆、大小、轻重、疏密、虚实等这些书法所遵从的形式法则，对于营造城市意象来说，并没有什么两样。这就是我们能够以书法的形态来考察城市形态的道理所在。在思考书法艺术向城市空间规划转绎的命题上，这个原则同样能为我们提供一个坐标，使我们有望在“现代化与传统性”、“国际性”与“中国性”之间做出平衡的选择。

第二节　书法与城市个性的认知

创造城市意象的目的，是为了使城市更具有可认知的特色，正如创造书法意象的目的，是为了使书法作品更具有个性价值一样，在这个意义上，城市的认知与书法的认知获得了逻辑的沟通。

一、书法风格与城市个性意象

书体是点画、结体、章法的有机结合。中国书法不论大篆、小篆、隶书、行草（章草）、楷书、草书，每种书法均有其鲜明的意向特征（图36）。包括其结字的原则、笔画的姿态、布局的章法，不管以何种方式出现，人们一眼就会认出其所属书种及个性特点。假设与城市的规划、建筑设计相关联，隶书的浑厚雄劲和建筑的高古凝重，草书的气势连贯和城市空间的连带灵动，行书的秀美雅致与城市的宁静诗意相比照，一定会让设计

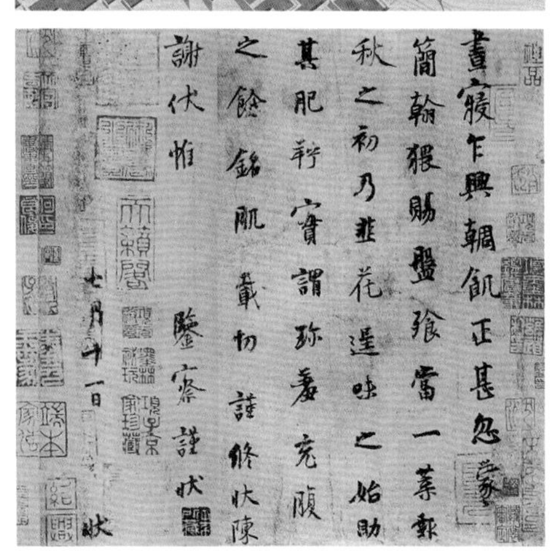

图36　上：王振飞设计作品
下：杨凝式《韭花帖》

师产生灵感，运用在规划建设之中，那种千城一面、兵营式、无节奏、缺乏诗意的城市病灶一定会一去不复返。而风格是人格化在书法形式构成的体现。不同的人、不同的时间、不同的景遇场合出现不同的风格、气貌，事关书者的修养、品格。颜真卿的《祭侄稿》不可复为之就是这个道理。这也意味着城市的风格营造、个性创造同样可以借鉴摄取书家的个性、风采。总之，对书体的特点个性和对书家风格的解读作为城市空间规划设计思路，一定会创造出个性鲜明的城市风貌、城市空间和具有磁性的建筑。在现代城市的景观设计中，融入中国传统书法的视觉符号，将极大地丰富城市空间设计的语言。

墨分五色，给人以空间感——远近、深浅、层次分明和朦胧感——虚实相映、渺渺茫茫、诗意感受，是体现作者的情性和喜怒哀乐的晴雨表，也是作者书风意象的标志。自古书者十分重视墨法，或浓或淡或枯或燥或润——由此推及城市色彩，均具有地方区域性特征，地中海的浅黄，伊斯兰的浅绿，江南水乡的七分白三分黑——无不给生活在城市中的人们烙下深深的印迹，淡淡的乡愁也缘于这一抹让人牵肠挂肚的永不忘记的色彩。如果我们的城市街区、院落、居住空间，用书法的墨法去确立城市的主导色彩，与建筑、道路、绿化——构成虚实、浓淡、枯润，或暖或冷，或朦胧或清爽的迷人“外衣”，定能让你诗意般地生活、工作其间……（图37）

凯文·林奇认为，任何一个城市都有一个共同的意象，它

图37　地中海城市与谢无量书法

是由许多个别的意象重叠而成的。城市作为人类生存生活的承载载体，不仅要创造自身的文化特色，还要创造属于自己的空间属性。

若问什么是艺术风格，我们立刻能够简要地给出答案，即艺术风格是艺术作品在形式和内容的结合中所体现出来的艺术家长期而稳定的艺术个性。城市个性诞生于城市的精神氛围、形象特征和内在灵魂的交集之处；归根到底，是这座城市具体生动的物质文化形态。

跟任何一门艺术的风格一样，书法艺术的风格可分为个体风格和集体风格，前者出自书法家个人，后者出自区域、流派和时代。不过归根结底，集体风格要由个体风格来落实和体现，能够把一个书法家跟另外的书法家区别开来。这是书法家最可宝贵的财富，也是营造城市意象可分享的财富。

二、书法形势与城市时空意象

书法的形势体现在书法的形式构成中，点画、结体、章法呈现空间相互关联，书者往往按心中意象、阴阳取势，由大小、长短、粗细、黑白形成或跌宕或平和的形态空间，由快慢、提按、扭挫形成或激烈或舒缓的节奏空间，由虚实、玄无、轻重形成或空灵或浑厚的形象意境。形态、韵律、意境构成了有意味的形式，或体现整体性、连续性，或体现强烈的对比、极简的静美，形式构成中的局部、全局的相互作用、相互关联、相辅相成所凝聚的“气势”，彰显了书法艺术的最本质的特性——时空一体。假使城市的规划者、设计师能用书法形势表现手法去营造城市的空间，那么当前城市的空间单调、文化缺失、节奏失律、尺度不宜均会解决。书法元素的植入本身就体现中华的基因，书法构成中的形势、节奏、意韵与城市的形、韵、意相对照，一定会产生具有中国风格、中国精神的城市空间意象。如阿尔瓦罗·西扎设计的实联化工厂行政区规划，方正的大水池与蜿蜒在其中的办公楼形成强烈的对比，曲线的建筑形成强烈的动势。正如建筑师所描述的“一系列的体量以曲线形式展现，形成一条移动的路径，逐渐消失在远方”。强烈的气势与一幅笔墨灵动的书法作品在形式上不谋而合，而隐含的力量是如此巨大。书法作品尺牍之间的气势与城市设计相比，竟也毫不逊色。（图38、39）

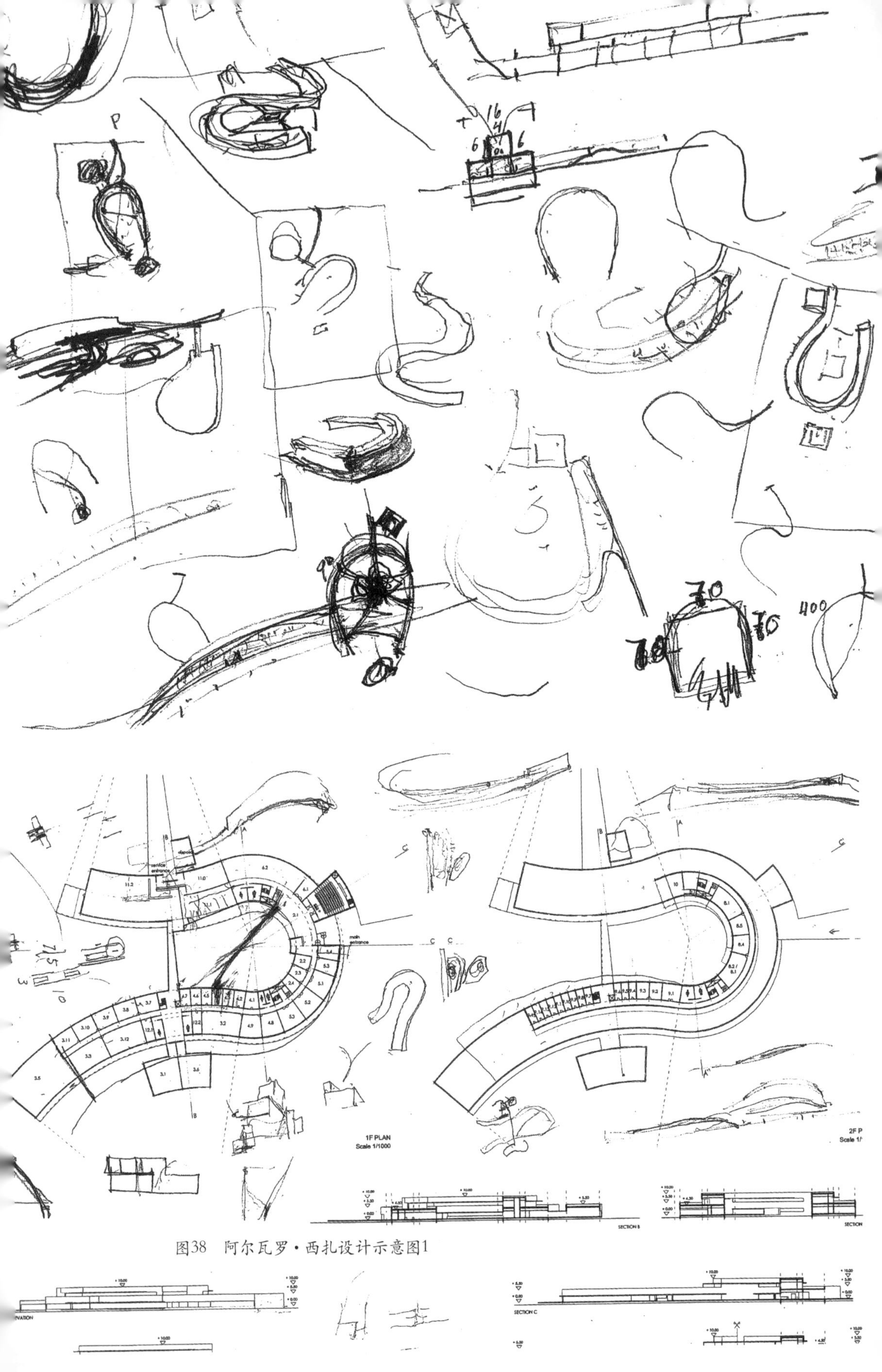

图38　阿尔瓦罗·西扎设计示意图1

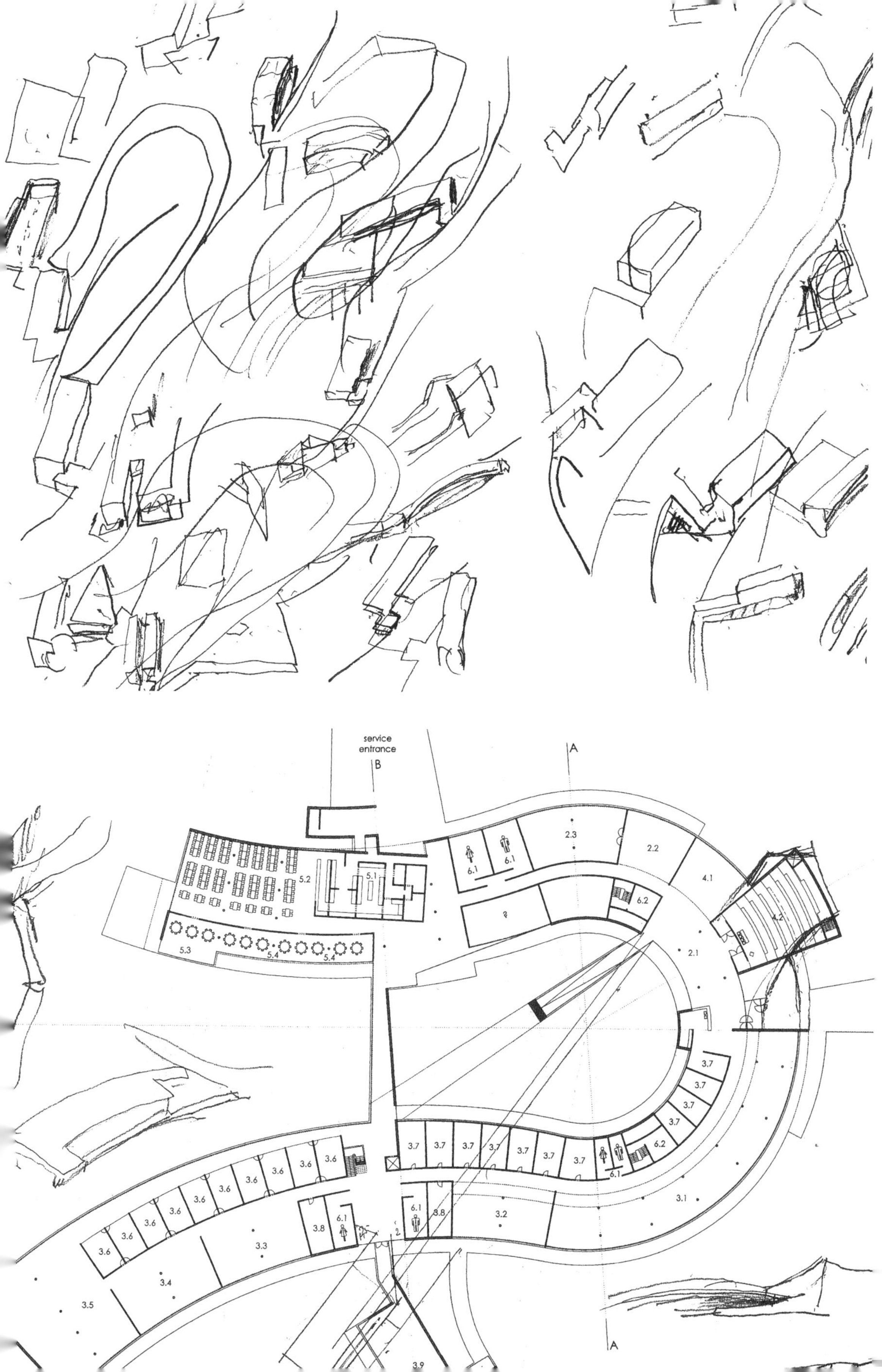
service
entrance
B
A
2.3
2.2
4.1
4.2
6.1
6.1
6.2
5.1
5.2
5.3
5.4
5.4
2.1
3.7
3.7
3.7
3.7
3.7
3.7
3.7
3.7
3.7
3.7
3.7
3.7
3.7
6.2
6.1
3.6
3.6
3.6
3.6
3.6
3.6
3.6
3.6
3.6
3.6
6.1
6.1
3.8
3.8
3.2
3.1
3.3
3.4
3.5
A
3.9

钟繇说："笔迹者，界也。"说的是书法的空间意识，但其中蕴含着时间的节律，反映的是动态的空间。所以，在讨论书法与城市的转绎时，我们对两者之同构性的强调，不应只停留于空间因素，而还应把时间因素考虑在内。可以说正是由于时间性，赋予了书法和城市共享的品格。

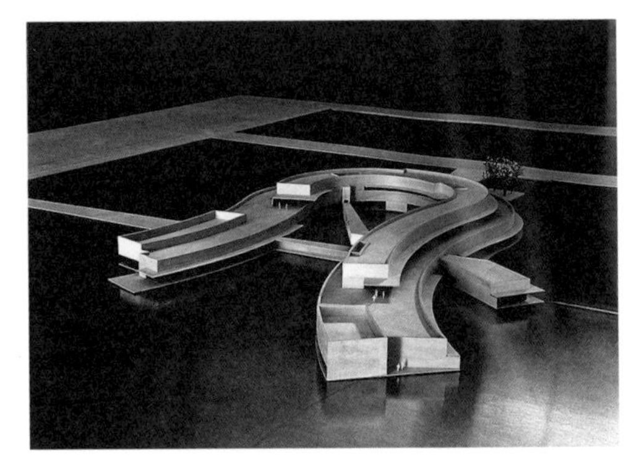

图39 阿尔瓦罗·西扎设计示意图2

从图式上看，书法创作注重时间节奏和空间造型，在强调空间造型时，不会排斥笔势和体势，正如强调时间节奏时不会排斥形象和状态一样。所以当我们谈形态的时候，实际上无法割断形与势的联系，有形必有势，有势必依形。用笔的轻重快慢，点画的粗细方圆，结体的正侧大小，章法的疏密虚实，所有这些传统技法也都是书法图式创作的基本要领。空间造型和时间节奏只有将这些对比形式充分展开，才能获得类似绘画和音乐的效果。同样，城市也是一个图式，是空间与时间的组合结构，既是立体的图画，也是和谐的乐曲。

书法是时间和空间一体的艺术，常常强调形状的空间。在一件作品中，连续几个字的左倾或右斜，是为了有意识地留出一些空白，造成参差错落的效果。城市也需要让建筑、实体景观形成蕴含时间节奏的空间组合关系，让观者在上下左右四面发散的观看中体会到空间的展开和平面的构成，生发出绘画般的体验。同时，书法又强调时间和节奏，常常通过笔势变化来打破结体局限，进而到组到行到章法，“逐渐地从疏到密再从密到疏，逐渐地从粗到细再从细到粗，逐渐地从浓湿到干枯再从干枯到浓湿，走出一个梯度，或者上行（力度加强、速度加快），或者下行（力度减弱、速度减慢），表现出一种方向，力求在节奏的基础上营造出旋律的感觉”[①]。城市如画，当然也要讲究构图，故也是按照这样的秩序，凭借建筑、道路、景观等功能实体，逐渐展开其形态旋律的。

值得留意的是，城市的旋律不是任意组合而成的，而是受到客观条件的影响和制约的。不过，反过来说，书法与城市的这种差异性仍然比不上它们之间的相似性。只要开始下笔，有了墨迹，进入书写过程，就不能说是在纯粹的白纸上作书了。对应于城市空间规划来说，它就好比把城市这件宏大作品所经历的那些时间长度浓缩，为了一个短短的时间进程，犹如一个镜像，快速闪回了城市的历史。从这里，我们可以非常生动地观察到城市形态和书法形态成就其各自意象的共同性。

一座城市，是由凝聚了时间的无数建筑组成的，建筑是石头的史书，城市更是空间的史书。既然人类无法割断时间而存在、无法割断历史而生存，在为城市增添新的元素的过程中，我们就要为延续城市的文脉、丰富其文化意象承担起责任。同样，当代书法家也要认清自己所肩负的创新书法艺术、传承形式的责任。

①沃兴华. 书法技法新论[M]. 长沙：湖南美术出版社. 2009

三、书法意境与城市意象氛围

运用书法意境，可以为创造城市意境提供若干启发。书法的意境表达为形而上的路径，对城市空间规划的普遍问题提供了解决的途径。“无形之相”“无声之音”是一种抽象与意象的双重意味，表达出主客体关系的融合，是一种有意味、韵律化的形式。

图40　南京万景园小教堂与八大山人书法

书法艺术追求气韵、神采、意境、趣味以及书卷气。书法的“意”通过阴阳、黑白、玄无来体现。虚与实对立统一、贯穿其中、互相转换，给人以无限的遐想。通过让出空间，留有余地，真正的由静到动、又由动到静，生生不息地循环下去。以有“空”有“虚”创造有“活”有“动”。书法的“韵”来自于生命的运动，讲究节奏，在书法当中通过点线的运动、组合，体现了生命的运动，变静为动，变死为活，变无生命为有生命的韵律，呈现了韵味。人们评价书法常常说这幅书法很有“味道”，就是通过味觉这个“通觉”感受的。如平淡，“绚烂归于平淡”，平淡并非平庸苍白，而是经过了绚丽多彩而达到的纯熟表现。“既雕既琢，复归于朴。”（图40）书法中的“力”不是大力士的力，不是物理意义上的力，是欣赏者从书法作品中获得的一种不能言传的力度感和富有力度的意象，它体现在宏大的作品气势当中，通过对空间的欲扬先抑、起承开合求得力量，显示了中国文化之道那气化流行、生生不息的本质精神。

在当今中国城市空间规划中，文化缺失和失于具象是两个基本问题。城市空间规划中文化要素的缺失，往往表现在不能体现城市空间的个性与特性，不能反映规划概念的情趣与意味，也不能体现城市与其使用者的风貌情怀。这样，城市的特质、品牌，往往模糊不清、单调雷同。在规划手法上，失于具象，不是通过“转绎”的方法，而是使用形而下的形态操作手法来表达概念，来创造城市空间与形式，从而使得城市空间缺少“神采”“韵趣”“诗情”，也就失于“意境”这一美的高层次表达。

书法中所有这些体现意境的方面，为城市空间规划者的构思考虑提供了丰富的内涵。

回到“场域”的最基本概念，它是指事物之间的空间关系，比如一栋建筑与人、物之间都是有关联的，甚至包括与家装、饰品等都有关联。城市的场域，即城市中人与人、建筑与人、建筑与建筑之间互相的关系，构成心理的场域，人和自然、建筑、环境的关系十分和谐，人们住在里面很惬意，形成了共同的心理追求。如江南水乡，从平面布局到空间形态，都折射出了书法艺术的审美趣味，书法艺术渗透进了生活中的每一个角落。书法的介入从内容上深化了城市空间的意境，美化了城市的意象，提升了城市文化品位和个性特色。比如楷书可增加环境之壮美，行书可洋溢环境之妩媚，汉碑之体势可使环境有古朴的内涵，怀素的草书可使环境充满动态之美。

“十里红妆”博物馆依山就势于浙江东部的两座小山间，而作为展品的“红妆”有近五公里之长。它们被巧妙地用平行的墙体沿山由南往北顺着山势升高、排布在空间序列之间。林、坡、塘、园，亭、台、楼、阁，幽暗的空间与明朗的空间被设计的通路串联起来。这里的道路、边界、节点、区域等空间“要素”被优雅地使用，从而被“折叠、挤压、复合地组合成为一个带有记忆的状态”（王澍语）。整个建筑布局就是一幅布局

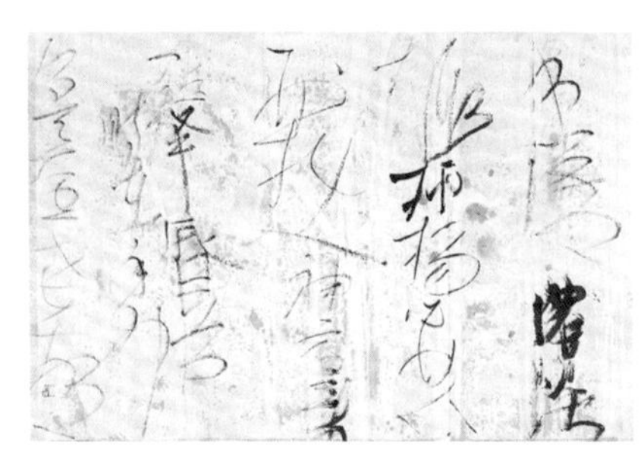

图41　王澍作品与胡抗美作品

得当、虚实相间、点画相宜的空间书法作品。(图41)

一幢好的建筑，皆是故事，耐人寻味。华灯初上，繁华如昼，漫步其中，如梦如醉。其古拙壮美，点与线、黑与白、块与面、形与势的完美结合，恰似书法中的铁画银钩，浓墨重彩——穿过组合的院落，白墙上开出的大大小小的窗户，暖黄杏叶铺满庭园，撑一把雨伞，漫步秋雨，听雨打窗花，沏一壶伯爵浓茶，坐在长椅上，慢慢品味人生，何等惬意！如此意境，实为诗意的情怀，恰如《兰亭序》的点画飘逸，妍美秀丽，飞动流畅。此等设计，充分体现了设计师对书法写意、神韵、意境的顿悟和理性摄取。既表达了建筑的趣味和个性、设计师的意气抒写，又打动人、吸引人——这是对书法艺术和城市空间设计结合的最好诠释。此时此景、此刻此意，忘却了城市的喧嚣、万丈红尘，看着弯弯曲曲的小路、凹凹凸凸的有机更新的老房子和静静流淌的一江春水，仿佛进入历史长河的瞬间，让你不知今夕是何年。

第三节　城市意象中的书法文化

一、书法与城市空间生产

城市的场域与空间有着紧密的联系，它既指被一定边界物包围的领地，又指人所身处其中的某个社会领域。因此，从文化角度看，不能仅被囿于格式塔视觉心理学所讨论的那个范围，或者说不能被局限于美学范围之中，还应讨论其作为社会关系的一面。

列斐伏尔将资本主义的生产方式分为两个阶段：第一个阶段是空间中对象的生产，第二个阶段是空间本身的生产。如今，资本主义生产方式已经由“空间中对象的生产”过渡到“空间本身的生产”。其结果是不断生产和再生产出资本主义的抽象空间，这是一个“视觉—几何—阳物”的空间，反映了资本与国家的权力，表征了现代性的构成。按照列斐伏尔的观点，当今世界的全球化、都市化与城市扩张等，都是资本主义生产抽象空间而产生的现象。列斐伏尔的空间生产理论在思想界引发了“空间的转向”，美国后现代地理学家爱德华·索亚提出了“第三空间”的概念，他沿袭列斐伏尔的思路，区分了作为物理空间的“第一空间”和作为精神空间的“第二空间”，而他的“第三空间”，便是对这两个空间的超越，是对它们的解构和建构，是“他者空间”的生成。它既非客体，又非主体；既是地域空间，又是文化政治的场所；它在批判和否定中显示活力，预示生机，具有永远的开放性和无限的可能性。①

这些理论使我们更加深刻地认识到，城市空间既是物理的空间，又是人文的空间，城市规划不能只考虑对物理空间施加影响，而忘记了存在于其中的人。而当物理空间与人的行为发生关联时，它就消解了其物质性，变成了人类活动的场域。

---

①爱德华·索亚．第三空间：去往洛杉矶和其他真实和想象地方的旅程[M]．陆扬译．上海：上海教育出版社，1996

城市规划的任务，说到底就是通过对城市物理场域的调整，来反映人的心理场域和社会场域，并满足人的诉求。书法艺术向城市空间转绎，不仅意味着其物质空间的转绎，将书法艺术从平面艺术转化为三维空间艺术，更重要的是意味着中国文化的空间转化，既使书法艺术在时间传承中增加空间传承的维度，又使其焕发出美化人居环境和优化城市功能的价值。因此，我们必须用环境心理学和领域性空间理论的观点来看待这种转绎。凯文·林奇指出："人类是有领域感的动物，他们会利用空间来控制人与人之间的交易，会维护领域的所有权以保证拥有其资源……对空间的控制会产生心理结果，例如担忧感、满足感、光荣感、屈从感等等。社会结构是建立在这个基础上的，至少表现了社会结构。"[①]这再一次说明，城市规划是不可能在某种单一学科的范围内被有效谈论的，对城市空间的思考必须被扩展到场域的水平上，关注其社会的和人文的因素。

城市空间作为人活动的空间，本身就是一个文化场域，紧密关系到人的感受和精神评价。中村拓志在《恋爱中的建筑》中就对"空间与感受"的关系做了精彩的描述和阐释。文中谈到怎样才能让人对建筑产生亲近感，让人工环境具有"自然"的格调，这实际上与中国传统文化所追求的"天人合一"——人与自然关系的调适一脉相承。这可从一个侧面看出，合理地

①[美]凯文·林奇．城市形态 [M]．林庆怡等译．北京：华夏出版社，2003：145

借用中国传统文化资源，将会对现代人居观念起到有益的补充。推进书法艺术的城市化和空间化，意味着中国传统文化中那些优秀价值的复苏，不再是抽象意义的了，而是有了充分的物质载体，因此获得了实践性。它一方面使中国人的精神传承有了质地，另一方面将以自主文化的方式，创造出东方人的“诗意的栖居”。

二、书法与城市公共艺术

书法艺术介入城市空间，意味着书法要从私密空间存在转入公共空间，把公共艺术作为书法革新的方向之一，使其成为一种开放而多元的艺术形式，一方面为建构公共性的城市意象服务，另一方面让自己焕发生机。

判断公共艺术，有两个标准：一是物理空间的开放性，二是社会文化的公共性。“仅以物理空间来判断公共艺术是不够的，埃及金字塔、秦始皇陵、明清帝皇宫苑……当初只是帝王生前起居、理朝的场所和死后长眠的地方。而如今，却成了超越国界的全世界人们可观可游的对象，原因在于经过时间的洗涤，这些代表专制权力的神秘堡垒丧失了当初的功能，演变为历史文化的载体而为人们所共享。当其威权性和私密性不复存在时，才取得了对公众开放的现实性。一座矗立在露天环境中的建筑物，无论占地面积有多宽，规模有多大，装饰有多华丽，只要它还是普通人的禁地，就不可能成为公共艺术。明清皇宫虽存在了数百年，历经风雨沧桑、改朝换代，甚至建筑也部分焚毁、倾颓，屡经修葺、重建和扩建，但只有在它成为'故宫'的那一天起，才具备了公共艺术的含义。"[1]同样，书法无法自动地演化为公共艺术，而只有当它走入城市空间、十字街头，走入人民大众的生活中，才能具备公共性，取得成为公共艺术的基本条件。

书法艺术与城市空间的跨界转绎，不仅是技术的，也是文化的。实际上就是公共艺术与公共空间的关系问题。当公共空间被赋予人文色彩时，公共空间里的公共艺术也被赋予了双重的价值取向和更复杂的评估标准。当我们把书法与城市空间联系起来，着重从空间结构上而不是从装饰元素的意义上来谈论两者的相互转绎时，书法便超越了它的传统存在属性，而适合于这些复杂的评估标准。艺术进入公共空间，在某种程度上就不再适用于单纯的艺术评判。不论是传统艺术还是现代艺术，都无一例外。更何况向城市空间转绎的书法艺术早已因为嵌入城市的结构而发生了实体的改变。这意味着，城市本身变成了书法，书法也变成了城市，两者异质同构、合二为一了。

因此，书法与城市的相互转绎过程，不仅意味着书法植入了城市，城市挽救了书法，还创生了一种新的文化。在后现代语境下，文化在公共空间的视觉化成为社会和文化的集合过程，艺术作品也在广义上与其所在的社会、政治、文化环境相结合。艺术在公共领域下的文化对话，实际是文化政治的

①吴永强．乡土化的现代氛围：区域艺术的公共图像[J]．社会科学研究．2008(3)

表现，城市精神乃至于国家形象皆能凭借有效的视觉形式得到呈现。

书法艺术植入城市，不论是作为景观元素还是作为空间结构要素，都意味着书法进入了公共空间，到这时，它就不再单单是书法家个人情感和书学风格的表达，而是艺术在构建人居环境过程中在肯定和保存差异性的前提下，激励公众参与，从不同的位置和视点对公共性问题进行视觉表达与阐释的过程。它能折射一个区域或场所中公众的文化诉求，或营造公众的精神情感的理想家园。公共性和公众参与是介入公共空间的艺术样态的内在品质。艺术介入空间并非在于“点缀”，而重在“场域”的构建。

书法要成为公共艺术，介入公共空间特别是人居环境，实际上与别的公共艺术在介入公共空间时所发挥的功能与所存在的问题没有什么两样。它不仅具有参与城市规划、景观设计、构建城市空间的美学功能，也同样具有文化学、社会学的意义。其特殊性在于它是作为中国独有的传统艺术介入到公共空间中来的，而且将不仅作为公共空间中的景观而存在，还将作为城市公共空间的生产方式发挥作用，它将为国内的城市空间全方位地灌注中国传统文化的精神气质，为我们的人居环境赋予充实的灵魂。

三、书法与城市视觉文化

所谓视觉文化，是指在当代社会历史条件下，人类文化在一定程度上脱离了以语言文字为中心的表达形态，向以视觉图像为中心的表达形态转移，文化接受的主要方式也从以前的“读文”到今天的“读图”转移。作为全球化的表现形式之一，视觉文化同样是当代中国文化与国际接轨的一种重要媒介和表现形式，构成了中国在全球化语境下发生社会转型的基本文化图像。

之所以要追寻书法与国内城市规划跨界转绎的必要性和可能性，其意义之一，就是试图以城市为媒介，通过具有中国文化本色的空间生产，系统性地建构起本土化的中国当代视觉文化的话语体系，把文化身份的焦虑挡在本民族的文化自觉之外，获得文化自强的信心。

视觉文化既是当代文化的特征，建设现代化、国际化的城市，向世界展示中国城市形象的魅力，亦将有赖于中国气派的视觉文化的建设。丰子恺说：“世界艺术园地有两个高原，如果书法是东方艺术的高原，那么音乐就是西方艺术的高原。”这句话十分形象地道出了书法所达到的艺术高度和它对于表征中国文化精神的作用。书法与城市规划的跨界转绎，正是要为我们提供一个建设中国视觉文化的实践性平台。而书法进入城市空间，将依靠两个层次的方式进入：第一是作为城市景观，第二是作为城市结构，后者是我们关注的焦点。

将书法与城市规划跨界转绎的命题纳入视觉文化的层面予以观照，是有客观依据的，也是城市视觉形象的功能所决定的，因为城市的视觉形象对内具有整合作用，对外具有传播作用。通过对书法的植入，国内城市将不仅能借助一种传统文化的智慧方式，实现该城市特色文化元素的整合，构筑起一种有历史文化氛围的感知环境，也能够将其现代化信念、当代精神和城市理想扎根于中国文化的沃土之中，向外界传达出城市的文化自信。近年来，国内有的城市管理者指出，城市建设应坚持“有机更新”，避免“无机更换”，尤其要克服大拆大建，保护好城市的“遗传密码”和文化基因；并强调既要算经济账，也要算文化账。这道出了一个真知灼见，即以文化为本位，文化才能得到真正的发展，也才最终有利于经济和社会发展。

事实上，即便从视觉文化的角度来讨论书法与城市规划的跨界转绎，也仍然绕不过书法向公共艺术生成的话题。一旦实现了书法向城市的结构性转绎，它就将不再是公共空间中的艺术品，而是公共空间的生产者。它既要发挥美化城市的功能，还要在文化性、公共性和社会性方面，表现出担当。尤其是在中国面临文化转型的当下，对城市空间生产来说，书法还将历史地承担起一种任务，那便是对工业化、复制化、机械化的视觉文化生产模式的抗议，以及对城市空间的同质化、去记忆化、去个性化、去场域化等诸种弊端的矫正。

以视觉文化的视角检视城市意象，城市意象就不会单一地指向视觉符号，而是与其背后的物态、制度、行为、心态、文态、业态密切相关，这些因素又共同指向“以人为本”。书法与城市规划跨界转绎的理论和实践表明，要塑造起有个性的城市形象，必须尊重传统，但又不能惰性地运用传统文化资源，只是对传统符号的表层挪移和简单嫁接，而是要遵循城市文脉，进行创造性的整合和改造，实现“有机更新”，这才是把书法艺术植入城市空间，使城市意象获得个性、产生魅力的秘密所在。

【第六章】

取意：书法与城市的互悦

书法与城市互悦的核心理念便是“人借字形，我取笔意”。析言之，字形只是其表，而笔意乃是核心。当然，不可否认书法字形与城市空间确有互通之处，但书法如何在精神境界上与城市达到互悦，笔意中所蕴含的“势”才是真谛。以F1国际赛车场配套景观设计项目为例，显然，从图41左图中看不到清晰的字形，但其间流淌的狂草笔意却是极为鲜明的。图42右图中狂草的取势与项目场地有异曲同工之妙，两者具有同一性和连贯性。

图42　F1赛道与张旭书法

“世间无物非草书”，一幅书法逸品，一座诗意城市，用书法艺术的灵感和跨界的手法去打造永不落幕的书法展，让书法艺术与城市空间在融合中得到飞跃发展，开启两者互悦的窗口。宗白华说，“书法是反映生命的艺术”。它是生命的舞蹈，心灵的放歌，人性的升华，它是生命的力，节奏韵律，感性理性的高度凝聚，又兼具造型、时间、空间、具象、抽象、再现、表现和古典、现代主义等多种艺术审美取向和艺术手段的优势综合。正如张怀瓘所说：一字已见其心，可谓简易之道。中华大地，书法无处不在，无时不在。

第一节　共同的呼唤

一、研究书法艺术与城市空间交融行进的线路图

每一座城市都是由单体建筑、城市街道、公共场所、河道湖泊、山地森林等元素组成。城市建筑展现出不同的城市形象，以疏密相间组成建筑群；以城市街道为框架形成区域，城区绿化、公共广场坐落有致，布局其中；不同的城市区域承载不同的功能设计，并巧妙结合自然环境，如湖泊、河道、山地、森林等构成城市。城市的空间规划布局，单体建筑、园林景观的城市设计，虽然外在表现形式上不尽相同，但内在的和谐美感与书法艺术有机统一。在书写过程中，书法家并非单纯描画临摹自然，他已把对大自然的客观感悟提高到了主观的艺术高度。通过对书法艺术的研究学习，城市规划的设计者、管理者不仅享

受自然美学的感悟，而且对自身书法水平的提高均具现实意义。

每个城市都应该有鲜明的主题文化，把精美的书法力作与城市品牌营造相结合，这是一种有益的尝试，可以彰显城市的个性和特色，凸显区域特色风貌，也必将使书法艺术成为城市空间建设中一道靓丽风景。从另一个角度看，这既是解决当前各种书法展虽然轰轰烈烈但展出时间短、受众面小等问题的创新之举，也是让书法艺术获得更多认同和建立特色鲜明的个性化城市的探索之举。这既是时代的需求，也是人们共同的呼唤。

二、探索城市空间主题文化的载体

探索城市主题文化建设，就是要将传统与现代有效融合，使书法展由室内延伸至室外，由单一转向多元。

（一）打造“永不落幕的书法展”

打造“永不落幕的书法展”，首先必须做好文化策划，所对应的主体（书法）和客体（城市）都要转变观念，要充分挖掘城市最深厚、最具特色的文化内涵，形成书法艺术与城市空间规划互相交融行进的线路图。（图43）

图43　场域空间

打造“永不落幕的书法展”，必须要搞清楚局部和整体关系的问题，不管城市空间，还是书法艺术，两者都是文化空间的局部，存在着两重性。片面地强调一个方面或否定另一方面都是错误的，书法艺术从书斋走向城市，与城市空间组成一个有机的整体，才能与城市环境相呼应，与建筑形式相协调。打造“永不落幕的书法展”，应和着时代节拍前进，进一步改革书法艺术创作手段、理论及实践，才能使书法获得蓬勃生机。厦门书法公园是城市与书法共赢的成功案例，其呈现了一种新的展示方式，将平面的展览变得立体。厦门书法公园（书涛苑）是厦门城市最重要和最典型的生活性海岸地带，也是厦门城市环境形象的代表之一，以观海（景）、休闲功能为主，辅以体验书法艺术的滨海亲水区域。是城市的人文景观和文艺资源，也是城市精神的经典化身和升华。（图44）将文化和艺术引进广场中，力求环境的艺术化，使人们在了解书法艺术的同时，品味这种艺术的浪漫、文化的丰厚底蕴以及勃勃生机。

图44　厦门书法公园

（二）植入文化基因

2008年北京奥运会向世界展现了一个从传统向现代发展的中国，展现了中华文化的魅力。

作为北京奥运会的主赛场，国家奥林匹克公园更犹如一幅气势恢弘的书法长卷，在紫禁城中轴线北端的时空中，展现着书法艺术的神韵。奥林匹克公园的主题是“人类文明成就的轴线”，空间设计巧妙地将中国山水与书法意境文化融合其中。该方案在北京城的方正的格网中将山水自然元素融入，灵动的奥林匹克河流畅生动，气势恢宏的轴线和景观广场，自然蜿蜒的北部公园道路，标志性建筑鸟巢，这些空间构成要素形成鲜明对比，又相辅相成于统一的空间结构中，形成独特的空间神韵。细究奥林匹克公园的方案，则会发现空间构成与书法的点、线、面、章法的艺术特质有异曲同工之妙。

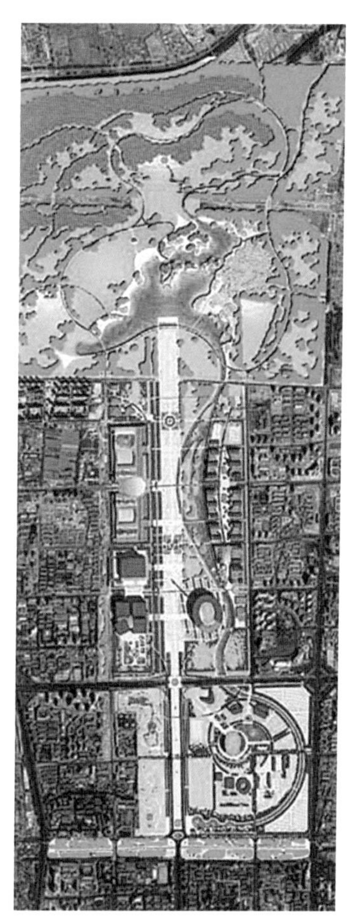

图45　奥林匹克河

奥林匹克河（水龙）整个线型，如同书法中气韵生动的一笔，起笔于北部公园，行笔绕行国家主体育馆鸟巢，收笔于南部五棵松体育馆，整个线条笔势连贯，起承转合充满内在张

力，行云流水，其形意过目难忘。（图45）

在书法作品中，或体现情绪高潮，或表达情绪张力，使用浓墨，厚重光洁，丰腴而有力度，或特征鲜明的字可视为通篇之“标志”。整个奥林匹克公园的标志建筑物是国家体育馆鸟巢，以中国瓷器中的冰裂纹为原型而演变，造型新颖，气势宏大。（图46）

建筑各个组群又形成不同肌理块面，既“自成一体”，又与“众有体势”相统一。“千年步道”主轴线西侧水立方在内的若干体育场馆，这些建筑体量较大，形式方正，如同篆隶，节奏稳定、整体浑厚有力。东侧则如楷书布局，细密紧凑，于边界处随势而变。犹如颜真卿的《裴将军帖》，各种字体汇聚于一幅书卷，别具多样魅力。（图47）

图46　国家体育馆（鸟巢）

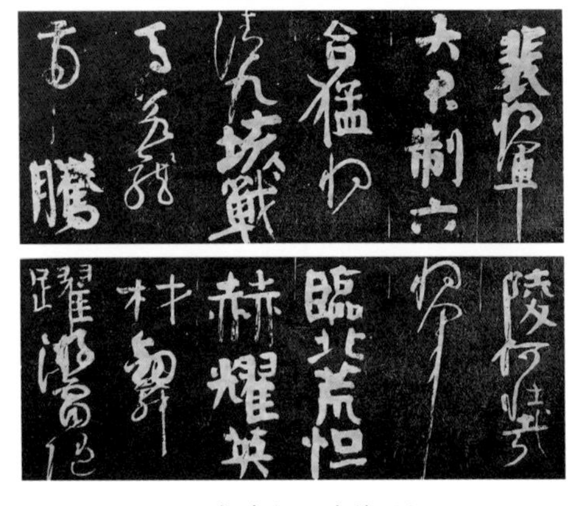

图47　颜真卿《裴将军帖》

奥林匹克公园中建筑组群与开放空间的布局如同书法，因势利导，整体平衡，各种元素大小疏密、穿插避让、对立统一，又浑然一体。北部山水公园师法自然，宛若天成，建筑组群则形成紧凑肌理，刚柔、虚实、疏密、浓淡，无不体现出书法、墨法之神韵。

城市空间增长不可全部填满，而应懂得睿智增长，守住城市的生态和自然山水的边界。书法上称之为“守边”。为城市守住了公共空间和自然生态的边，也就留住了城市呼吸的绿色公共空间，此为书法上的“留白”或“布白”。

（三）彰显文化个性

当“祥云”主火炬在“鸟巢”上空升腾起夺目的光焰，“京”字中国印、绚烂的烟火、书画长卷、千人活字印刷的舞动，（图48）体现了中华民族的精气神，这些中国元素惊艳于世界，让世界人民从中感受到五千多年中华文化的魅力，在紫禁城中轴线的奥林匹克公园，浓缩了中国书法的神韵，与奥林匹克的精神一体，使千年文化传统渗入到当代生活，谱写出中华文明气势恢弘的新篇章。这便是我们使书法艺术与城市空间有机结合的愿景和期盼，愿书法艺术与城市空间的互悦成为人们向往的“第三空间”！

图48　北京奥运会开幕式千人活字表演场景

第二节　转绎中交融

通过对书法创作的整体性观照，必将发生一种格式塔性质的逆转，逸出自己的界面，演变为一种多维并进的时空结构。倘若顺势而为，能够抓住书法在这一时刻所提供的灵感，就可为城市意象的营造带来丰富的启迪。

一、师法自然

书法艺术与城市空间规划具有“师法自然”“天人合一”的共同哲学基础，都是极为重视形式美的空间艺术，二者都注重意境的创造，存在着模糊朦胧的界域，在虚实隐显中妙合“自然之道”，妙造“自然之景”。

上海浦东临港新城滴水湖的设计理念来自于天上掉下一点水,泛起的层层涟漪；书法中苍劲的线条就像“屋漏痕”，毛笔线条边缘留在纸上一道透明水痕，是水分慢慢渗透出来的痕迹，如自然浸染拓印达到的漫漶古朴，内敛含蓄。（图49）

图49　临港新城滴水湖、屋漏痕与徐渭书法

二、异形同构

书法创作强调形式构成，特别注重点线面的对比关系及各种造型元素的大小疏密、对立统一、相辅相成，展示了书法艺

术的造型魅力，建筑与城市空间也不出这个不二法门。建筑如石般浑厚纯净，如书法之“点”。“点”如坠石，整体建筑透露出敦厚沉稳的艺术气质，让人感到震撼。（图50）

图50　芜湖市规划展示馆

郑板桥书法将楷、隶、行、草四体糅合一体，并加入画竹、兰的笔意，创造了前无古人的新书体。其书法峭拔雄浑，字态的欹正、大小、宽窄、疏密等随机布置，犹如乱石铺路，错落有致，十分生动。（图51）

上海大剧院向天空反翘的顶盖，传承了汉隶的线条，不由使人联想到其“波磔”之美，既具强烈的时代感，又具有浓厚的民族风情。（图52）

诸葛八卦村的建筑与环境、建筑与人、建筑与建筑之间和谐共存，浑然天成。书法的形势来自于阴阳相生，体现了书法篆刻与城市具有的共同哲学观。（图53）

“九宫格”是中国书法史上临帖写仿的一种界格，也是中国最有代表性的平面构成形式，从古至今，在书法、绘画、建筑、规划等领域都能看见九宫格的影响，是传统东方美学“异形同构”的典型。

上海南部古华新城覆盖范围约七十平方公里，形式方正，也是上海都市圈内唯一的方城，随着历史的不断发展，已经有了较为清晰的骨骼和城市结构，道路纵横，地块均布。这个城市的平面很容易令人联想到《匠人营国》中对经典城邑“方九里，旁三门”的叙述，通过很多论述对城市结构的梳理，规划决定保留这样的特质，发展成古华独有的九宫格系统。（图54、55）

上海世博中心的板块布置如图54，在用地上体现了九宫格的理念。另外，上海古华新城是上海都市圈内唯一的方城，规划中因地制宜，打造成“九宫格”系统的“15分钟社区生活圈”，如图55，形成了可以容纳空间等级、功能系统、结构框架等各种关系最简化的空间模型。九宫

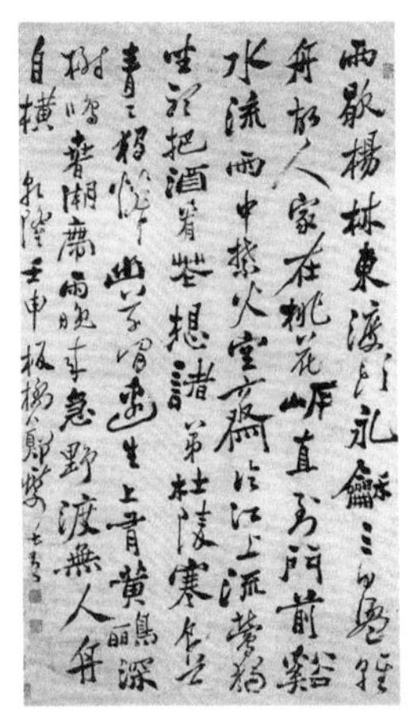

图51　郑板桥书法与乱石铺路

图52　上海大剧院与隶书

图53　秦封泥与诸葛八卦村

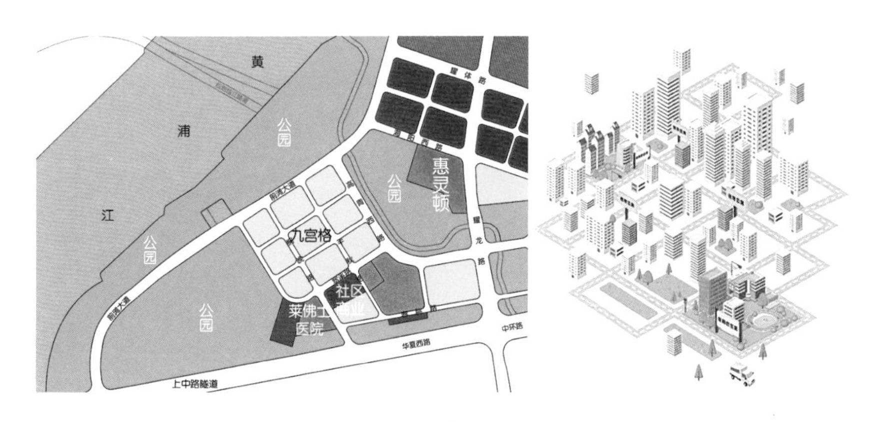

图54　世博中心规划

格局构成了城市发展的单元构架，各宫格之间以交通轴、生态林等为间隔，形成功能各异、布局稳定且秩序井然的九宫格布局模式、棋盘式格局，在交通上更加便捷、可达性更强。九宫格主要表现的是分区的概念，形成了可以容纳空间等级、功能系统、结构框架等各种关系的最简化的空间模型。九宫格内公共设施按照宫格布置均衡配置，更有利于实现公共资源配置的均衡性，打造集约用地、环境友好、设施充沛、活力多元的城市空间。九宫格各宫格内的配套设施的配置的分析可以更好地指导城市开发建设的方向和时序，更好地打造出“15分钟社区生活圈”，构建多类型、多层次的城市公共空间，形成总量适宜、步行可达、系统化、网络化的公共空间布局，创造绿色生态、活力宜人、安全便利的公共空间，塑造独特的城市文化。由于宫格的核心基础为15分钟步行街区与社区生活圈，因此九宫格的城市同时也是人性与步行友好的城市。

九宫格与古华规划布局功能配套

04、07、08、09、10、11、16单元

大叶公路
浦星公路
奉浦大道
团南公路
浦南运河
川南奉金公路
500M医疗配套（规）
3KM医疗配套
2KM商业配套
500M教育配套（规）
500M教育配套
500M社区配套（规）
500M社区配套
500M公园配套

图55　古华新城九宫格

三、异曲同韵

书法的意境和城市的场域、环境、景观营造都有关联性和相似性。书法艺术最本质的特性是时空一体，其线条构造表现出字形变化的质感和动感，浓淡、干湿的墨色和轻重、疾涩的用笔，将产生不同的书韵，给人以视觉美和精神享受。（图56）

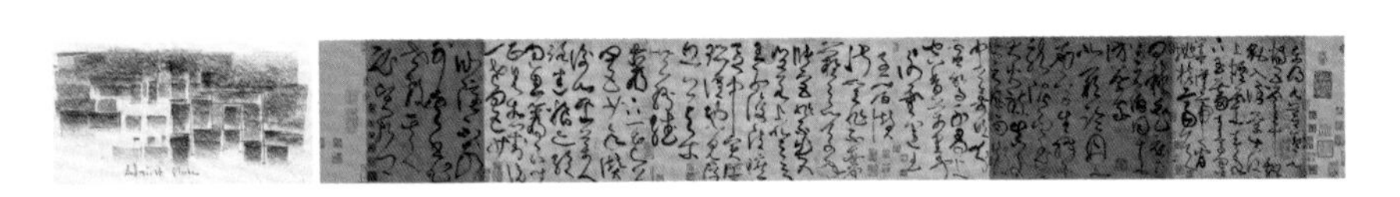

图56　祖姆托作品与张旭书法

建筑蕴含着极简主义的精神和空间意境，它是黑白对比的图—底，又是墨分五色带来的淡雅和细腻的空间场域感受。

建筑的粗犷与沧桑感，体现出时间和生命的律动，抽象的虚实，图—底对比与书法灵感如出一辙。（图57）

教堂给人一种安逸、静谧之美，散发着空谷幽兰的气质，如同董其昌书法之“禅意”。（图58）

“三分黑七分白”江南水乡的“空间意象”。白墙黛瓦，倒映水中，又犹如一幅水墨书法，浓淡相宜，虚实相映，渺渺茫茫，给人以朦胧与诗意的感受。（图59）

建筑空间的收放处、尺度大小、高低跌宕、长宽比例、曲折婉延等等的变化有独特的意境。书法，最能引人入胜之处，也是其黑白之间的转折，连接处流水行云，停顿处墨尽而意未尽的趣味，当中的空间组成，在平面上的张力与动感，很能启发建筑构图的幽思。以法国何斐德建筑设计公司设计的徐州大剧院为例(图60)，建筑物隔空相对的张力、动线的组织形成建筑实体之间的对话、实体和空间的对话、空间之间的对话。

中国古典园林建筑艺术所以能有各种不同的“意境”，其中主要原因在于“虚”“实”关系的高妙处理，即“合中有开，实处见虚”。书法艺术亦然，一笔画之中，一个字的结构，一幅作品的章法也讲究虚实关系，即要考虑无墨——即“白”之处。

图57　祖姆托作品与书法

图58　安藤忠雄《水之教堂》与董其昌书法

图59　江南水乡与王铎书法（局部）

由姚仁喜设计的台北故宫博物院南部院区(图61)行云流水般的弧线建筑造型设计构思源于中国书法艺术中的浓墨、飞白和渲染的笔法理念，形成了墨韵楼、飞白馆和贯通滞洪湖及穿透博物馆的连接空间，建筑结构交织、曲线优美、体量庞大。

由国际知名英国设计师斯蒂芬·霍尔操刀设计

图60　徐州大剧院设计图稿

的医疗文体中心，建筑本身就是一个“社会容器”，承载着功能和事物。建筑联通周边的景观围合成为一个公共空间，它们具有空间能量和开放性，满足生活、精神的需求。建筑在空间里的排布与书法在宣纸上的布局是融会贯通的。先创造一个公共空间，提供一个平台，然后在里面填充建筑和文字。(图62)

图61　台北故宫博物院南部院区

图62　社区文体中心与工人文化宫

书法中的笔画，因按的力度不同形成笔画的粗与细、虚与实的空间变化。同样的，建筑中的主体建筑以及附属建筑在体量上、形态上形成强烈对比，而对比就产生一种虚实空间。

作为“上海之鱼”区域首座先驱性建筑物，由藤本壮介设计的上海古华博物馆（图63）将展现其独特的魅力。书法的曲线条相对于直线更具动感的优势，具有较强的动感和节奏感。其次由空间构架分割而成的不同单位空间之间有着大小、动静的呼应关系，使整个布局空间更加稳定而灵动。正如古华博物馆建筑由三个相互围合而又独立的圆形单体组成，外立面为曲线闭合而成的外立面装饰，内部三个单体由屋顶的公共绿化和环形通道、二层连廊、一层的景观水系和公共空间相连接，由此衍生出来的建筑空间，使得建筑室内外自然过渡连接。

图63　古华博物馆

再如上文提到的F1国际赛车场配套景观设计（图64）项目的方案取势狂草，静态景观中蕴含了动势，沿自然水岸线设计布置滨水景观环带以及道路条带状走势，景观活泼明朗，功能齐全，并依据动静结合、虚实相应的原则依次设置滨水文化区、休闲展示区、活动健身区，使得景观节点有节奏地布置，形成独特的韵律，创造出“水清、流畅、岸绿、景美”的生态水系绿化景观。

四、诗意生活

拾一首词韵，蘸一笔闲情，赋染墨香古韵，静静地栖居于小筑，此境便活在你诗中，此意就刻在你心里。一句极致形容——

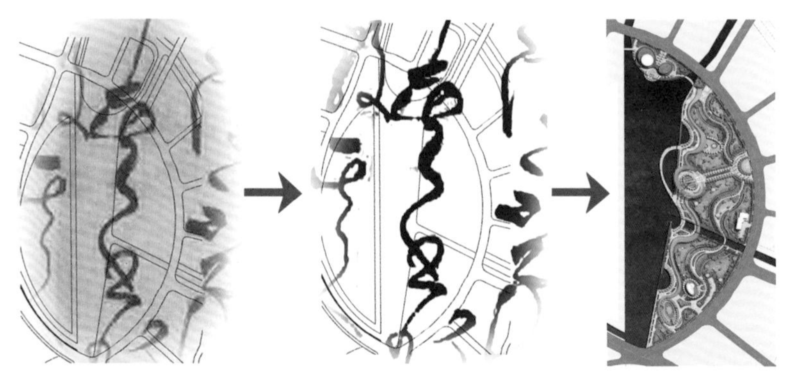

图64　F1国际赛车场绿化公园设计

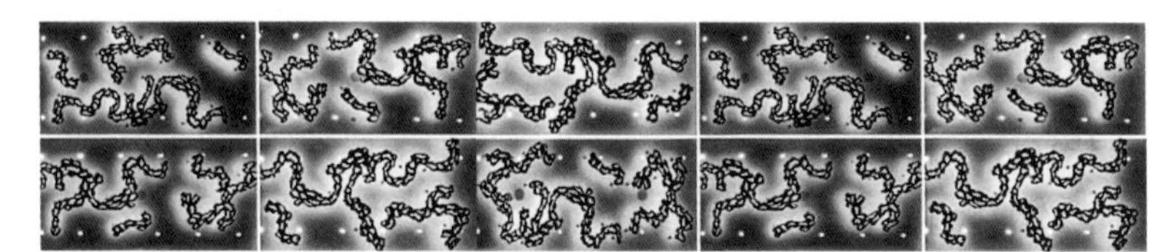

图65　吴冠中签名、日本料理、书法工艺手袋

图66　书法与装饰

图67　书法意象雕塑

优雅，令人怀念、充满乐趣、渴望温馨。

书法艺术就像磁铁吸引和凝聚城市中的人们和远方的客人，感受生活的温馨、精致和优雅，温暖着一座城市。

生活中书法的影子随处可见，个性签名、日本料理、工艺手袋、环境的装饰等，都契合着中华民族的心理，成为一种时尚潮流。（图65）

鸟虫篆直接融入设计当中，使书法与空间构成相融，将造型艺术与书法艺术共同呈现在公众面前，让人们感受到书法艺术的魅力。（图66）

笔势体现了笔者情绪与情感的抒发。人物一体，让人震撼。将其植入室内，成为抽象图案，活泼灵动，具有艺术气息。

五、艺居空间

一个比一个更经典的设计，一个比一个更精彩的理念，形成富有情趣和品位的城市文化空间，营造主客相望的人文关怀和发挥群居效应的良性循环。让一幢建筑、一个社区、一个街区、一个雕塑、一个小品等都成为创造具有国际文化竞争力的城市品牌的艺居空间。

具有书法意向的公共艺术品，起伏波动和分割组合的体量在不同角度和相度互相成对，变幻多端。正如欹正斗斜的笔画，虽然变化颇多，方向各异，但仍然展现出平实安静的内在趣味。（图67）

浮雕与雕塑作为城市文化空间的重要组成部分的理念，把

图68　新加坡地铁候车厅

图69　大地书法

书法与浮雕、雕塑结合，成为城市公共艺术，使城市空间变得富有个性特色和魅力。

新加坡艺术家陈瑞献的书法作品，做到地砖上，放在新加坡最热闹的人来人往的地铁候车厅地上。这种植入式的艺术形式，几乎是强制性地让我们不能不面对中国文字和书法之美。（图68）

让书法艺术形式走向大地，让大地美起来！使书法艺术与自然生态巧妙结合，跨界融合，为自然和城市赋予人文的气息，让书法艺术在更广阔的空间和平台得以呈现，实现二者互悦，如图69，大地书法以“龙”字为造型。又如图70，悠然蓝溪旅游景区

图70　“寿”与悠然蓝溪

是以“寿”字为造型，充分体现出书法与自然的互悦。

城市朦胧的天际线是城市的轮廓线，优美起伏、高低有致，犹如舞动的草书，错落有致、抑扬顿挫，体现了形势结合、阴阳平衡的共同的哲学观。（图71）

图71　书法的韵律与城市天际线

第三节　畅想与思考

一、畅想

《菜根谭》有言：“念头宽厚的，如春风煦育，万物遭之而生。”物质环境一旦有了文化艺术的浸润，便有了人文的气息、文化的认同，有了希望与期待。城市承载着人类千百年之梦想，需要得到文化的滋养；“永不落幕的书法展”的打造，需要文化的守望和恒心的坚持，定能撑起一片文化的天空。（图72）

自古以来，人始终处于书法创作的主体地位。书法之重“意”，是个体在书法史文脉与其个人经历中形成的文化积淀。城市规划的任务是通过对城市物理场域的调整，来反映人的心理场域和社会场域，并满足人的诉求。无论书法家还是设计师，都必须具备良好的人文修养和全面的综合素质。

二、嬗变

书法与城市空间规划二者的跨界融合发展的思想和理念的提出，主要的目的与意义在于将中国传统艺术的手法与精神植入当下中国城市的创作与实践中去，用以指导城市空间规划和建设，使得中国城市的空间布局、建筑设计、公共空间场所的营造能够更有个性与特色；从而创造出有东方气质和人文情怀的空间场所。这才是书法之于规划的中国贡献，是书法之于城市空间规划理论的嬗变。

正如在书法与空间跨界思想的国际交流中，伍兹贝格CEO尼克·卡拉力斯（Nik Karalis)所提到的，这是关于中国文化符号与城市化发展关联的思考，现代数据计算与艺术之间其实是互通的，中国城市化进程中的美学与书法美感之间应该存在深层次的关系，人、科技、艺术之间的关系并非对立。（图73）

图72　书法艺术跨界表演

图73　不可分割的城市系列论坛

在书法与城市的相伴发展中，存在着一致的逻辑起点，那就是对时间的顺应，对历史的尊重和对传统的呵护。书家的修为始于对前人成果的研习，城市的涵养来自对传统的持存。两者对待历史所应有的态度是高度一致的。对城市来说，这是城市文化的灵魂被提炼的过程。书法家“渐老渐熟，乃造平淡”，同样，城市历史越悠久，记忆越丰富，文化越从容。在书法与城市的联系性思考中，我们发现，不仅是书法构造的逻辑和城市构造的逻辑，也将会观照到居住在城市里的人们生活的逻辑。

把地理空间区域集中到一个城市，以此建构地理品牌，让人们了解该城市区域，同时将某种形象和联想自然地与这座城市联系在一起，将其内在精神浸润到城市的各个角落，这个过程就是城市品牌化的过程。联系到书法艺术，我们会发现，这就好比一位书法家在锻造其风格的过程一样。站在历史与未来的交叉口，放飞我们的情愫，用跨界的手法，在书法艺术与城市空间之间架起互动的桥梁，这也要求我们的书者、城市管理者、规划师等每一个参与者都要具有丰富的涵养，都必须有跨界的眼光，要坚守艺术操守，唯有如此，才能奏响未来美好的乐章。（图74）

三、书法——城市空间学

打造诗意的栖居环境要有完整的决策机制，不能各做各的，拼凑而成，为力求设计的多元化，应该汇集当今一流的书法家、建筑师、美学家，就如世界杯足球队的最佳阵容，大师云集，各自进行创意和美学的发挥，让建筑美、书法美、城市美等都在城市空间汇聚。

如同丘吉尔所说：“回头看得越远，就能向前看得越远。”使千年传统文化渗透到快速崛起的城市画卷中，书法不再是室内雅集，而是回归到自然和城市空间，以一种新的形式展现在人们眼前；城市也不再是文化沙漠，变成了人们诗意栖居的家园。人们沐浴其中，感受书法线条美的力量，找到心灵归宿，品味人文与自然、古朴与时尚融合的美感与惬意，实现书法艺术和城市空间的跨界转绎、闪亮转身和蝶化。书意和城市完美地结合，心灵在此净化，时间在此停留，空间意象在此定格。

书法与城市两者的完美结合，创造出一种让人耳目一新的“有意味的形成”：“书法 —— 城市空间学”。

图74　黄浦江（上海的中央开放空间）

【结语】

著名建筑师沙里宁曾经说过：“看看你的城市，我就知道，你那里的居民在文化上的追求。”

近几年随着中国元素越来越多地出现在世界时尚舞台，各大艺术领域，如广告、电影、音乐、服饰、建筑等也开始了大张旗鼓的中式秀，书法艺术变成了众多追求意境、喜爱雅致人士的首选。

几千年书法文化的历史沉淀，注定了中国风在世界无人可及的文化底蕴。

书法艺术与城市空间的融合，将奏响以城市为平台和载体的，集城市管理者、艺术家、设计师、建筑师等由个体到集体创作的“交响乐”，创造出更具生活、更具现代、更具文化，让人流连的城市文化空间。将艺术作品融入到城市的空间，当是现代城市发展的主旋律、艺术革新的新天地。

书法艺术与城市空间的转绎，只有在坚持书法精神和符合城市空间营造规律的基础上，在满足有利于双方发展愿景中，互相作用、互相联系、互相促进，才能得到共同的发展。一方面，对于书法而言，它没有从文化上改变书法的真谛，只是改变其规模尺度、呈现方式、文化输出等手段，使其艺术价值、审美价值、人文情感在当今信息化、个性化、现代化时代得到诠释和实现，在理论突破和实践创新中找到窗口。另一方面，书法创作的灵感为设计富有个性的城市提供了多样性的解决方案。书法艺术与城市空间的融合一定能在经济全球化、文化多元化的当下，寻找到文化的认同、身份的认同和共识，当书法与城市的结合愈加紧密时，书法精神便成为市民生活中约定俗成又不可或缺的一部分，成为源远流长的城市文化之魂，书法艺术和城市空间的融合将在此得到升华。

事实上，人们对于书法艺术的发展一直在积极地探索，也取得了较多的成果。但这些探索存在着碎片化、孤立的、单一的、感性化的倾向；同样，城市规划和建设者们在不断探索城市的个性化发展模式，但过度重视城市功能，常常是功利性的、与文化空间的营造不平衡的。在当代的文化思潮和国际化语境下，两者走向融合发展，建立一种紧密联系的理论框架，无论对书法艺术还是城市空间均是一种挑战和机遇。把书法的审美原则、表现手法、神采意韵等通过跨界的转绎，变成可操作、可感受、可塑造的城市空间规划的原则之一，并从中获得机会，从学术发展本身而言，把城市理论与书法理论置于同一学术平台，在两者间开展跨界研究，从学术上厘清书法艺术与城市发展的关系，能为拓展书法艺术传承与现代城市空间建构结合的有机性，提供新的视野和方法论指导，这也将为丰富书法理论和城市理论的研究提供新的学术资源。从此，书法的文化价值输出有了方向，书法的艺术形式更趋向多元，为打造艺居环境且具有中华文化地理标志的中国风、中国气质的城市开启新范例。

可以预期的是，跨界将成为书法艺术与国内城市空间相互影响的策略，而无须始终停留在理论阶段。当书法与城市空间双双华丽转身，在相遇中蝶化时，书法的精神、书法的形式，便实际地融入了城市空间。到了那时，书法将真正回归到城市空间，回归到大自然的美景之中。生活在城市中的人们在感受书法之美的同时，也将能无声地体察到中国传统精神的力量，找到其心灵的归宿，回到自己的精神家园。美国建筑学家刘易斯·芒福德说："城市是文化的容器。"书法艺术与城市空间的跨界转绎，将产生一座富有诗意的城市。

中国书法跨界转绎的研究其实对改变城市空间规划研究的现状非常有意义。经过多年的发展，现代城市空间规划变成了一种机械式的功能主义规划，对于未来或者突然发生的新行业和新形势缺少积极的应对。书法章法布局中最重要的是大局观和对空白的认识。空白意味着潜力、调整的余地、可能性和机遇。书法从宏观的角度将空白和字的实组成灵活地可以随时调整的布局，不忽视任何边角。将书法的精神介入到城市空间规划中，可以改变现代规划的死板和教条，可以创造出具有中国特色的城市来，既具有理性地实际操作即时的问题，又可以感性地创造出人文情怀的场所。这才是书法之于规划的中国贡献，是书法之于城市规划理论的嬗变。

如果不是幼稚的幻想，无论是理论性探索和应用研究，都具有广泛的前景和推广价值。本项研究也许已经朦胧地现出某种学科构想的痕迹，或可称之为“书法—城市空间学”。这是一门书法与城市规划、建筑学、景观学、公共艺术等学科交互交叉的学科，将以书法艺术与城市空间的理论构建与实践探索为研究对象，以国际背景与中国思维下的书法与城市空间的边界拓展与融合、平台支撑为研究内容，拆除传统观念的藩篱，以书法的灵感去设计诗意的城市、让诗意的城市成为书法艺术呈现的平台为探索目标，逐步多元跨界融合知识体系和理论范畴。如果这种构想成立，那么书法艺术和城市空间的发展融合就有望获得新的理论指导。而这门学科是本土的、富有中国文脉的，如能循其理念加以实践，中国传统文化必将依托未来的中国城市空间，在书法艺术的传承脉络上，焕发出永不磨灭的光彩。

图版目录

注：文中未注明来源的图片均来自网络和公开发表的期刊。

主要参考文献

[1]宗白华.中国书法里的美学思想·哲学研究[M]. 北京：北京大学出版社，1962

[2]宗白华.中国美学史中的重要问题的初步探索·艺境[M].北京：北京大学出版社，1999

[3]宗白华.美学散步.[M].上海：上海人民出版社，2007

[4]梁思成.中国建筑史[M].天津：百花文艺出版社，2005

[5]梁思成.梁思成谈建筑[M].北京：当代世界出版社，2006

[6]梁思成.大拙至美[M].北京：中国青年出版社，2007

[7]林徽因.林徽因建筑文萃[M].北京：北京理工大学出版社，2009

[8]林语堂.中国人[M].上海：学林出版社，1994

[9]林语堂.吾国与吾民[M].南京：江苏文艺出版社，2010

[10][美]蒋彝.中国书法[M].上海：上海书画出版社，1986

[11][美]凯文·林奇.方益萍、何晓军译.城市意象[M].北京：华夏出版社，2001

[12][美]罗杰·特兰西克.寻找失落空间——城市设计的理论[M].朱子瑜、张播等译.北京：中国建筑工业出版社，2012

[13]朱光潜.西方美学史[M].上海：上海人民出版社，1981

[14]吴良镛.广义建筑学[M].北京：清华大学出版社，2011

[15]吴良镛.东方文化集成——中国建筑与城市文化[M].北京：昆仑出版社，2009

[16]余秋雨.极端之美[M].武汉.长江文艺出版社，2014

[17]余秋雨.中国文脉[M].武汉.长江文艺出版社，2013

[18]沈鹏.书法本体与多元[M].北京.作家出版社，2014

[19]胡抗美.中国书法艺术当代性论稿[M].北京：荣宝斋出版社，2012

[20]胡抗美.中国书法章法研究[M].北京：荣宝斋出版社，2014

[21]王澍.设计的开始[M].北京：中国建筑工业出版社，2002

[22]姜澄清.中国书法思想史[M].兰州：甘肃人民美术出版社，2008

[23]陈振濂.书法美学[M].济南：山东人民出版社，2006
[24]沃兴华.书法创作论[M].上海：上海古籍出版社，2008
[25]冯纪忠.意境与空间——论规划与设计[M].北京：东方出版社，2010
[26]蒋勋.汉字书法之美[M].桂林：广西师范大学出版社，2009
[27]赵鑫珊.哲学是舵艺术是帆[M].上海：上海辞书出版社，2012
[28]诸大建.建设绿色都市:上海21世纪可持续发展研究[M].上海：同济大学出版社，2003
[29]聂振斌.中国艺术精神的现代转化[M].北京：北京大学出版社，2013
[30]邱振中.书法的形态与阐释[M].北京：中国人民大学出版社，2011
[31]彭一刚.建筑空间组合论（第三版）[M].上海：中国建筑工业出版社，2008
[32][美]苏珊·朗格.情感与形式[M].刘大基、傅志强、周发祥译.北京：中国社会科学出版社，1986
[33]杜沛然、章翔.书法艺术与设计[M].武汉：华中科技大学出版社，2012

[34]朱立元.西方美学思想史[M].上海：上海人民出版社，2009
[35][法]德比奇.西方艺术史[M].徐庆平译.海口：海南出版社，2000
[36][美]阿恩海姆.建筑形式的视觉动力[M].宁海林译.北京：中国建筑工业出版社，2006
[37][法]丹纳.艺术中的理想.傅雷译.上海：上海书画出版社，2011
[38][德]格哈德·库德斯.城市结构与城市造型设计[M].秦洛峰、蔡永洁、魏薇译.北京：中国建筑工业出版社，2006
[39][美]寇耿、恩奎斯特、若帕波特.城市营造：21世纪城市设计的九项原则[M].赵瑾等译.南京：江苏人民出版社，2013
[40]刘恒.中国书法史·清代卷[J].南京：江苏教育出版社，1999
[41]黄宗贤.中国美术史纲要[J].重庆：西南师范大学出版社，2008
[42][瑞士]沃夫林.艺术史的基本原理[M].杨蓬勃译.金城出版社，2011
[43]徐复观.中国艺术精神[M].广西：广西师范大学出版社，2007

[44]陈志春. 建筑大师访谈录[M]. 北京. 中国人民大学出版社，2008

[45][英]罗伯茨. 格里德. 走向城市设计. 马航、陈馨如译. 中国建筑工业出版社，2009

[46]沈克宁. 建筑类型学与城市形态学[M]. 中国建筑工业出版社，2010

[47][美]麦克哈格. 设计结合自然[M]. 黄经纬译. 天津：天津大学出版社，2006

[48]孙晓云. 书法有法[M]. 江苏：江苏美术出版社，2010

[49]姜寿田. 中国书法批评史. 北京：中国美术学院出版社，2002

[50]上海书画出版社. 华东师范大学古籍整理研究室. 历代书法论文选[M]. 上海：上海书画出版社，2014

[51]戴秋思. 中国传统园林之文化关联探析[D]. 重庆：重庆大学，2004

[52]梁梅. 中国当代城市环境设计的美学分析与批判[D]. 北京：中央美术学院，2005

[53]鄢敏. 中国书法在现代设计中的运用[D]. 武汉：武汉纺织大学，2013

[54]王镇远. 中国书法理论史[J]. 上海：上海古籍出版社，2009

[55]樊波. 中国书画美学史纲（修订版）[J]. 长春：吉林

美术出版社，1998
[56]卢辅圣.书法生态论[J].上海：上海书画出版，2003
[57]周膺.后现代城市美学[M].北京：当代中国出版社，2009
[58]朱文一.空间·符号·城市 一种城市设计理论[M].北京：中国建筑工业出版社，2010

【后记】

五年前，拙作《另眼看书法》面世，得到书法、城市规划、建筑等相关领域专家学者的关注，倍受鼓舞。

把书法、城市、空间三个要素并置研究，尝试将书法艺术的文化传统、基本方法和审美原理用于城市空间的建构，用城市意象、城市规划、城市空间的先进理论启迪书法艺术传承发展，为中国当代城市空间创意和书法境界之升华提供新的思考，是我的追求和梦想。

由此，把这一梦想作为我在四川大学读博的主攻方向，着手研究书法艺术与城市空间互相转绎的路径、方案、实践，以期有所突破。这一选题，得到学校的肯定与支持，导师胡抗美更是悉心指导、积极鼓励。得知研究成果即将出版，欣然作序，愈见关爱。

在《书法·城市·空间》付梓之际，我要深深感谢，感谢学校和导师，感谢为写作提供帮助的同学、朋友和亲人！我深知，囿于认识水平与实践经验，自己的研究尚属粗浅，应当继续充实和完善。于此，恳请方家不吝指教。

蓦然回首，巴山巍峨，蜀道崎岖，学海无涯，感慨万千……

木弟谨志

2017年6月于五库

庄木弟，1965年出生，上海松江人。笔名一川、行云。法学学士、工商管理学硕士、艺术学博士，研究生学历。现为中国书法家协会会员。书法作品多次入展全国及省市级书法展，并在日本及中国台湾地区交流展出。于《中国书法》《书法》《艺术百家》《美术观察》《诗刊》《中华诗词》等期刊发表多篇学术论文及诗作。出版专著《另眼看书法》和诗词集《一江春雨》、歌词集《年轮》等。

图书在版编目（CIP）数据

书法·城市·空间 / 庄木弟著. -- 上海 : 上海书画出版社, 2017.11

ISBN 978-7-5479-1587-5

Ⅰ. ①书… Ⅱ. ①庄… Ⅲ. ①城市空间－空间规划－研究②汉字－书法－研究 Ⅳ. ① TU984.11 ② J292.1

中国版本图书馆 CIP 数据核字 (2017) 第 182713 号

书法·城市·空间

庄木弟　著

责任编辑：杨　勇
整体设计：赵　航
审　　读：朱莘莘
责任校对：郭晓霞
技术编辑：顾　杰

出版发行　上海世纪出版集团
　　　　　上海书画出版社
地　　址　上海市延安西路593号
邮政编码　200050
网　　址　www.shshuhua.com
E-mail　shcpph@163.com
印　　刷　上海雅昌艺术印刷有限公司
经　　销　各地新华书店
开　　本　787×1092　1/16
印　　张　14.5
版　　次　2017年11月第1版　2017年11月第1次印刷
印　　数　1-2,000

书　　号　ISBN 978-7-5479-1587-5
定　　价：98.00元